KB061477

녹색동물

녹색 동물

짝짓기, 번식, 굶주림까지 우리가 몰랐던 식물들의 거대한 지성과 욕망

손승우 지음 | EBS MEDIA 기획

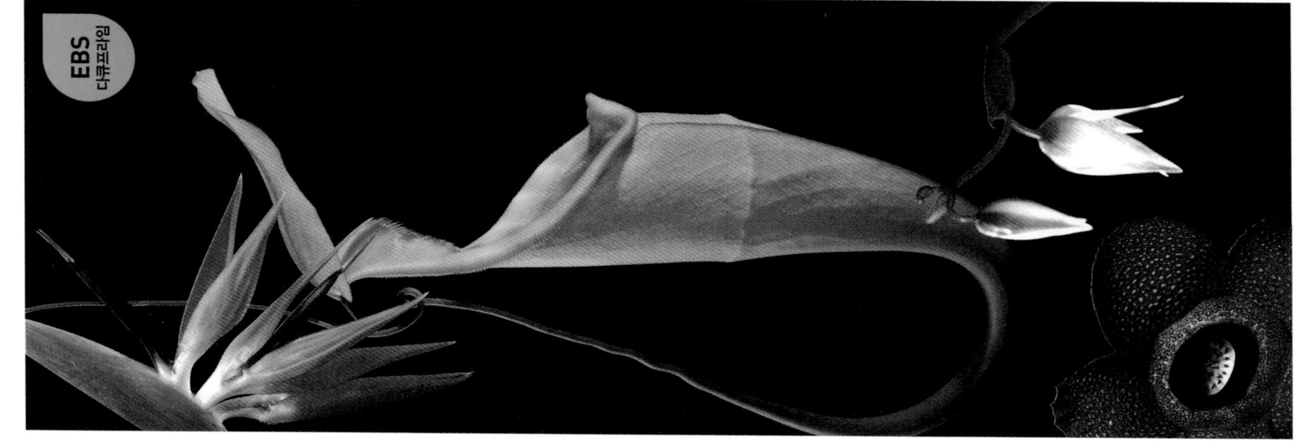

위즈덤하우스

서문

2005년 2월

겨울 산은 정말이지 볼품없었다. 억센 멧돼지 털 같은 겨울 산. 아무것도 없고 칙칙한 겨울 산에 자주 갔었다. 원하는 직업을 구하기 쉽지 않았던 당시 내 모습과 묘한 동질감이 느껴져서였다. 거친 숨소리를 내며 산속을 걷다가 잠시 계곡의 너럭바위에서 쉬었다. 인적이 없는 그곳에서 벌러덩 누웠다. 하늘을 보니 그 멧돼지 털같이 앙상한 나뭇가지만 시야를 가득 채웠다. 한참을 누워 있으니 계곡 물소리만 들렸다. 그리고 신기한 일이 벌어졌다. 비쩍 마른 나뭇가지 여기저기에 조그만 봉오리가 수도 없이 달려 있는 것이 보였고, 그 봉오리에서 잎이 돋아나더니 점점 커져 이파리가 되고 빈 하늘이 잎들로 가득 차는 환상. 그곳을 떠나는 버스 안에서부터 겨울 산은 더 이상 초라하거나 보잘것없는 존재가 아니었다. 지금도 겨울 산을 보면 멧돼지 털에서 부드럽고 간지러운 새잎이 돋는 모습이 떠오르곤 한다.

2011년 5월

새를 찍으러 다니다가 상수리나무 열매, 즉 도토리를 몇 개 주워 와서 집에 있는 화분에 던져두었다는 사실을 깨달은 것은 화분에서 상수리나무 싹이 돋아난 것을 보고 난 뒤였다. 그렇게 화분이 늘어갔다. 베란다에서 키우는 식물은 대개 열대 지역이 원산지인 관엽 식물이었다. 공중의 습도를 높여주기 위해 뿌리뿐만 아니라 잎에도 자주 분무를 해줘야 했다. 마트에서 산 천 원짜리 분무기는 몹시 뻑뻑했다. 계속 분무질을 하다 보면 손가락, 팔목, 팔뚝까지 저려왔다. 그런데 언제부턴가 하루 중 분무질을 하는 때가 가장 좋았다. 아무 생각이 안 날뿐더러 그날 있었던 모든 일들이 사라지는 느낌이었다. '푸쉭, 푸쉭' 분무질 소리조차 들리지 않으면서 머릿속이 텅 비어버리는 경험. 문득 식물이 고맙게 여겨졌다. '식물에 관한 다큐멘터리를 찍어보면 어떨까?'라는 생각이 든 순간이었다.

2014년 8월

국화쥐손이. 낯선 이름의 그 식물. 꽃이 아니라 씨앗을 보고 경이롭다는 생각을 처음으로 하게 만든 식물. 국화쥐손이 씨앗은 씨앗에 돼지꼬리처럼 돌돌 말린 꼬리를 달고 있다. 그 씨앗을 손바닥 위에 올려놓고 물을 묻히자 스스로 돌기 시작했다. 그것도 식물치고는 꽤 빠른 속도였다. 국화쥐손이 씨앗은 분명히 알고 있는 듯했다. 비가 올 때 씨앗을 심어야 생존확률이 높다는 것과 흙을 파기 위해선 굴착각도를 90도로 만들어야 한다는 것과 건강하게 씨앗이 싹트려면 씨앗 크기의 1.5배에서 2배 깊이 정도로 들어가야 한다는 것, 모두를 말이다. 게다가 씨앗 심기가 실패했을 때 다시 시도할 수 있는 방법까지 마련해뒀다. 처음부터 마지막까지를 모두 알고 있는 식물. 국화쥐손이는 뚜렷한 '욕망'과 '의지'를 가진 존재였다.

2017년 3월

녹색동물. 누군가에겐 분명 이상한 제목이다. 원래 있던 말이 아니라 내가 지어낸 말이니 당연히 그럴 수밖에 없다. 처음엔 긴가민가한 적도 있다. 식물이 동물처럼 욕망을 가진 존재라는 것이 과한 생각일 수도 있다. 하지만 그들의 시간대에서 본다면, 또 그들이 살고 있는 조건에서 본다면 과한 생각이 아니라는 확신이 프로그램을 만드는 내내 점점 강하게 들었다. 네 살짜리 딸과 산책을 하다 보면 자주 뒤를 돌아보게 된다. 난 언제나 빨리 걷고 아이는 언제나 뒤처지기 때문이다. 하지만 뒤돌아서 찬찬히 그 아이를 보면 단순히 느리게 걷는 것이 아니라는 것을 깨닫는다. 너무나 궁금하고 보고 싶은 것이 많다. 정말 할 일이 많은 것이다. 덕분에 나도 아이의 시간대로 들어가곤 한다. 땅만 쳐다보고 걷지 않고 이곳저곳을 두리번거리면서 천천히 걷게 된다. '녹색동물'은 인간의 시간대가 아니라 식물의 시간대로 들어가보려는 시도다. 아쉬움이 많이 남지만 역시 해볼 만한 시도였다는 생각을 해본다. 그동안 함께 걸어줬던 제작진과 부모님, 그리고 딸과 아내에게 고마움을 전한다.

EBS 〈녹색동물〉 프로듀서

손승우

차례

Chapter 12 동물의 욕구를 읽어내다

Chapter 13 모든 씨앗의 마지막 과제

PART 01 굶주림

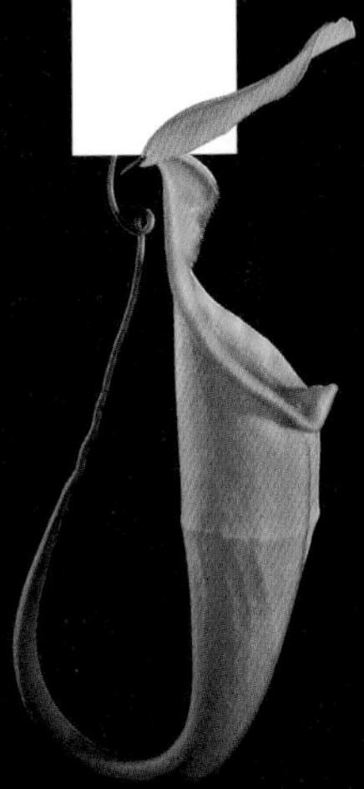

GREEN ANIMAL

Chapter

01

Intro

냄새를 맡는 사냥꾼

실새삼

한국 충주의 이른 봄. 바빠지는 계절입니다. 많은 식물들이 빛을 향해 싹을 틔우기 시작합니다. 남들보다 최대한 일찍 싹을 틔워야 빛을 차지할 수 있습니다. 늦게 싹이 트면 일찍 싹이 튼 식물의 그늘에 가려 햇빛을 받을 수 없게 되기 때문이죠. 그러나 웬일인지 한 식물은 느긋합니다. 이 식물은 다른 식물들이 싹을 틔운 이후에야 자신의 싹을 틔웁니다. 이 식물에겐 빛이 필요 없습니다. 심지어 물도 영양분도 필요 없죠. 그래서 잎도 뿌리도 만들지 않습니다.

이 식물의 이름은 실새삼(Cuscuta australis R. BROWN). 실새삼의 실처럼 가느다란 줄기는 나오자마자 무언가를 찾습니다. 마치 카우보이가 소나 말을 잡기 위해 돌리는 올가미처럼 줄기를 빙빙 돌리면서 말이죠. 실새삼에겐 제한시간이 있습니다. 적어도 3일 이내에 필요한 것을 찾지 못하면 죽게 됩니다.

기력이 다하려는 찰나, 실새삼은 곁에 있던 토마토의 줄기를 잡습니다. 그리고 단단히 움켜쥐기 시작합니다. 평소 토마토 잎은 햇빛을 찾아 쉴 새 없이 움직입니다. 그러나 실새삼이 움켜쥐자 토마토의 움직임은 멈춥니다.

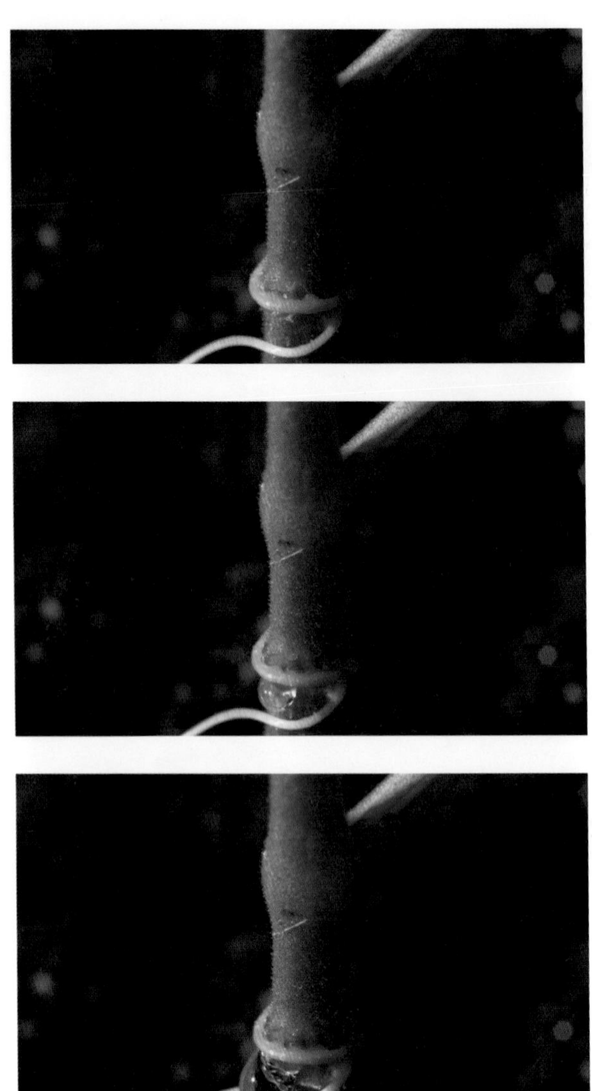

토마토 줄기에서 새어 나오는 체액. 실새삼의 줄기가 토마토의 줄기를 뚫고 들어갔고 이곳에서 체액이 흘러나온 것이죠. 실새삼은 마치 거머리처럼 토마토의 체액을 빨아 먹기 시작합니다. 그리고 실새삼에 체액을 빨린 토마토 줄기는 점점 시들어갑니다.

실새삼은 기생식물입니다. 햇빛, 물, 영양분을 얻으려 애쓸 필요가 없습니다. 살아가는 데 필요한 모든 에너지를 곁에 있는 숙주 식물로부터 뺏습니다. 그런데 눈이 없는 실새삼에게 세상은 온통 암흑일 텐데 어떻게 주변에 있는 숙주 식물을 단 3일 만에 찾아낼까요?

흡혈성 산거머리(Haemadipsa rjukjuana) 역시 실새삼처럼 수축 운동과 회전 운동을 하며 먹이를 찾습니다. 그러나 거머리 역시 눈이 없죠. 평상시 나뭇잎에 붙어 있던 거머리는 먹이를 찾을 때 잎 바깥쪽으로 이동합니다. 최대한 뚫린 공간을 찾는 것이죠. 거머리는 잎 끝자락에 붙어서 먹이를 기다립니다. 거머리의 먹이는 온혈동물의 피. 거머리는 열을 감지할 수 있습니다. 열을 감지하기 위해 잎 가장자리로 이동한 것이죠. 거머리에게 온혈동물은 따뜻한 난로처럼 보입니다.

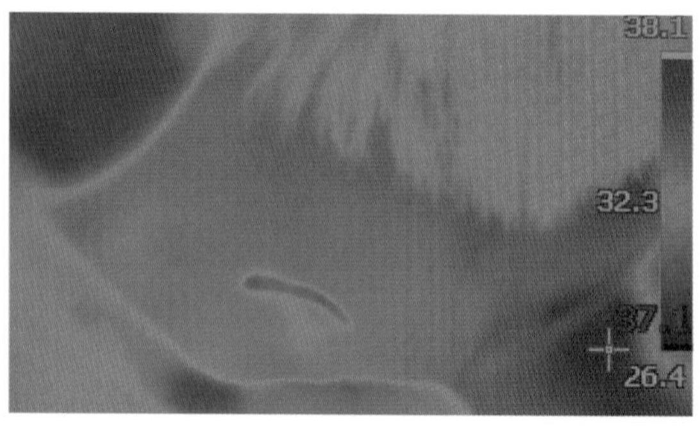
32.3
26.4

거머리는 마치 빙빙 도는 레이더처럼 회전 운동을 합니다. 다가오는 먹이의 위치와 속도를 계산하는 것이죠. 먹잇감이 적당한 위치에 오는 순간, 거머리는 낙하를 합니다!
온혈동물의 몸 위로 착지한 거머리. 이제 곧 차가운 거머리의 몸이 더운 피를 빨아 먹고 따뜻해질 것입니다. 눈이 없는 거머리가 먹이를 찾는 방법은 먹잇감으로부터 나오는 열을 감지하는 것입니다. 그렇다면 역시 눈이 없는 실새삼은 어떻게 먹이를 찾는 것일까요? 이를 알아보기 위해 사람들은 실험을 했습니다.

가운데에 실새삼을 놓습니다. 그리고 실새삼 오른쪽엔 실새삼이 좋아하는 진짜 토마토, 왼쪽엔 토마토에서 추출한 토마토 향을 넣어 둡니다. 그리고 진짜 토마토 쪽엔 향이 나지 않게 비커를 씌워 둡니다. 눈이 없는 실새삼이 어떤 자극을 통해 숙주 식물을 찾아내는지 알아보는 거죠. 실새삼은 어느 쪽으로 다가갈까요?

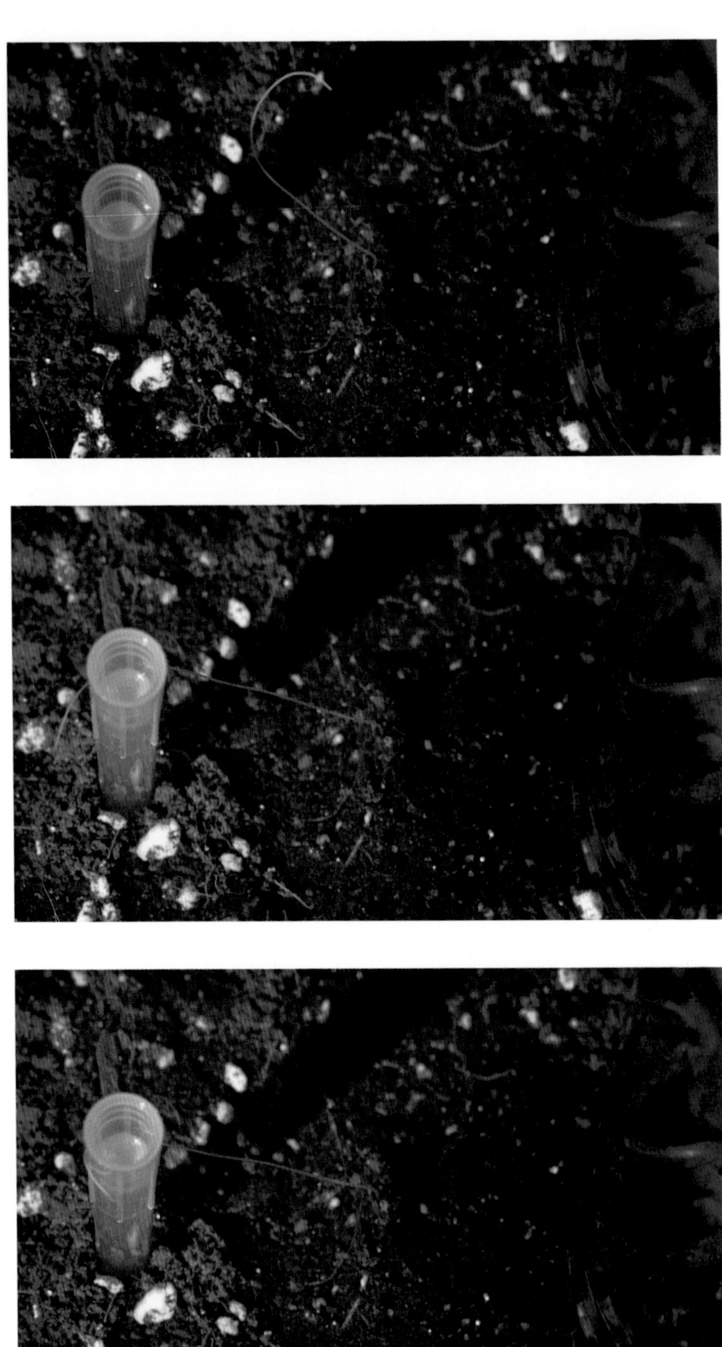

실새삼은 진짜 토마토가 아닌 토마토 향 쪽으로 다가갑니다. 실새삼은 냄새를 맡아 숙주 식물을 찾아내는 것이죠. 식물은 저마다 휘발성유기화합물을 만들어냅니다. 라벤더, 로즈메리, 애플민트, 깻잎 등 강한 향을 가진 허브 식물뿐만 아니라 대부분의 식물들은 고유의 향을 가지고 있습니다. 이러한 휘발성유기화합물은 식물을 갉아먹는 천적을 물리치거나, 식물끼리 서로 의사소통을 하는 데도 이용된다고 합니다.

거머리가 먹잇감을 따뜻한지 따뜻하지 않은지로 구분하는 것처럼, 실새삼은 냄새가 나는지 안 나는지로 구분하는 것이죠. 이 냄새를 맡으며 실새삼 줄기는 회전 운동을 합니다. 실새삼 줄기의 끝부분에는 동물처럼 냄새를 맡을 수 있는 세포가 있고 이 세포가 실새삼 줄기의 생장을 지휘하며 먹이에게 다가갑니다.

더 재미있는 사실은 냄새를 맡을 수 있을뿐더러 냄새를 구분하기도 한다는 점입니다. 실새삼은 먹이를 골라 먹습니다. 주변에 있는 여러 식물들 중 아무 식물에나 붙지 않습니다. 실새삼은 같은 먹이가 있다면 주로 토마토나 콩과 식물을 선호하는 경향을 보입니다. 자신만의 취향과 식성이 있는 셈이죠.

식물은 동물 같은 시력을 가지고 있진 않습니다. 그러나 실새삼이 냄새를 맡을 수 있는 것처럼 식물은 식물만의 감각이 발달해 있습니다. 주변이 어떠한지, 주변에 무슨 일이 일어나고 있는지 알아야 하는 것은 살아남아야 하는 모든 생물의 공통 과제이기 때문이죠.

실새삼이 빨아 먹은 토마토의 체액은 햇빛과 물 그리고 영양분을 통해 만들어졌습니다. 바꿔 말해 모든 식물은 이 세 가지의 굶주림에서 벗어나야 살아남을 수 있습니다.

Chapter

02

'빚' 걱정 없이 산다

지구에서 빛을 가장 많이 먹는 '걷는 나무'

그레이트 반얀트리

인도 콜카타(Kolkata). 처음 이곳에 온 사람들은 이곳을 숲이라고 생각합니다. 몇 미터를 걸어도 비슷한 풍경이 펼쳐지기 때문이죠. 띄엄띄엄 땅에 박힌 나무 기둥이 하늘을 향해 뻗어 있으며 머리 위로 난 숱한 나뭇가지와 나뭇잎들 때문에 바닥까지 닿는 햇빛은 드뭅니다. 햇살과 바람을 막아주는 그늘이 넓어, 여느 숲 속에 들어온 것처럼 고요하고 아늑하죠. 하지만 이곳은 숲 속이 아닙니다.

사실 이곳엔 단 한 그루의 나무만 있죠. 3,600여 개의 기둥을 가지고 있으며 축구장보다 1.5배 큰 면적으로 세계에서 면적이 가장 넓은 나무로 기네스북에 오른 그레이트 반얀트리(Great Vanyan tree) 딱 한 그루가 있을 뿐입니다.

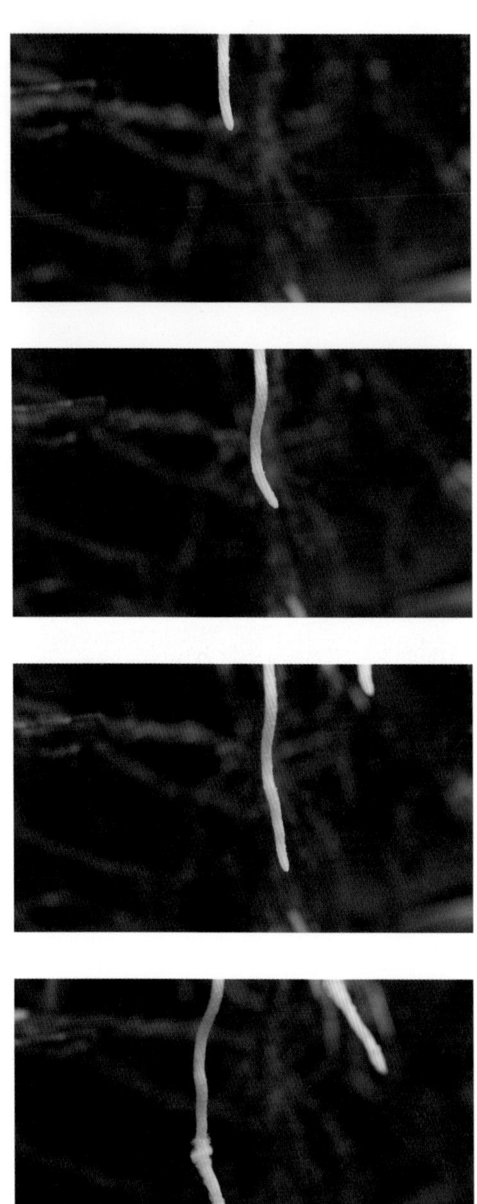

약 250년 전, 시작은 미미했습니다. 수평으로 뻗은 반얀트리 가지에서 실 같은 조직이 돋아났고 점점 길어졌습니다. 조직은 중력 방향, 즉 땅을 향해 자라기 시작했죠. 시간이 지나 조직은 땅을 파고들어 가 굵어지기 시작합니다. 이 조직의 이름은 '버팀뿌리'입니다. 영양분과 수분을 흡수할 뿐만 아니라 나무를 지탱하는 역할을 하는 뿌리. '버팀뿌리'는 지탱하는 역할을 하기 위해 추가적으로 생기는 뿌리입니다.

대개의 나무는 한곳의 뿌리, 즉 자신이 싹튼 위치의 뿌리를 깊고 넓게 키워나가지만 반얀트리는 그렇지 않습니다. 반얀트리의 별명은 '걷는 나무(walking tree)'. 수평으로 뻗은 가지에서 수직으로 '버팀뿌리'를 내립니다.
식물은 '위아래'를 구분할 수 있습니다. 뿌리 끝에 중력을 인식할 수 있는 기관이 있어 중력 방향으로 자랄 수 있는 것이죠. 그리고 이 '버팀뿌리'는 굵어지면서 기둥 역할을 하게 됩니다. 굵어진 줄기 덕분에 나무의 가지는 더욱더 수평으로 자랄 수 있고 이러한 과정이 반복되면서 나무가 차지하는 면적은 늘어납니다. 최초의 줄기에서 '발'과 같은 줄기가 생겨나면서 나무는 결국 지름이 450미터에 달하는 숲이 된 것이죠.

더 재미있는 사실은 그레이트 반얀트리의 중심에 세워진 비석에 적혀 있습니다. 여기엔 최초로 싹이 돋았던 줄기가 1925년에 벼락에 맞은 뒤 균류의 공격으로 죽었다고 적혀 있습니다. 최초의 줄기는 죽었지만 나무는 그 후로도 100년 넘게 성장을 계속했으며 지금도 한 해 약 60센티미터씩 지름을 넓혀가고 있습니다.

지구상에서 가장 많은 빛을 한꺼번에 받을 수 있는 나무. 처음 싹이 났던 줄기가 죽었어도 '걷는 나무'라는 별칭이 붙을 정도로 표면적을 넓히는 이유는 무엇보다 나무가 빛을 필요로 하는 존재이기 때문일 겁니다. 나무가 넓게 자

라면 자랄수록, 즉 표면적이 커질수록 더 많은 햇빛을 받을 수 있습니다. 즉 나무의 넓이는 빛을 향한 욕망의 크기죠. 광합성을 하는 모든 식물은 빛에 대한 강렬한 욕망을 가지고 있습니다.

하루 60센티미터 성장의 비밀

맹종죽

인도에 있는 그레이트 반얀트리가 기네스북에 오를 수 있는 가장 큰 이유 중 하나는 인간의 보호 덕분입니다. 그레이트 반얀트리가 싹이 튼 후 약 20년 후 콜카타 식물원(Kolkata Botanical Gardens)이 개원했고 현재까지 그레이트 반얀트리 주변에 다른 나무가 자라지 못하도록 관리를 해오고 있죠. 자연 상태에서 일반 반얀트리가 그레이트 반얀트리만큼 될 수 있는 확률은 매우 낮습니다. 언제나 수없이 많은 경쟁자들이 있으며 그들 모두 빛에 대한 욕망을 가지고 있기 때문이죠. 경쟁에서 이기려면 남들과는 다른 전략을 써야 합니다. 그레이트 반얀트리가 '넓이'로서 빛에 대한 욕망을 해결했다면 맹종죽(Phyllostachys pubescens)을 비롯한 대나무과 식물들은 '속도'를 택합니다.

〈빠르게 자라는 맹종죽〉

일부 대나무는 하루에 60센터미터 이상까지 자랄 수 있습니다. '우후죽순'이란 말처럼 비가 온 뒤 폭발적으로 성장을 하는데, 대나무가 이렇게 빨리 자랄 수 있는 이유는 줄기의 구조 때문입니다. 보통의 나무는 성장하면서 나무의 줄기가 단단해지는 '목질화(木質化)'를 거칩니다. 단단해야 높이 자라도 쓰러지지 않을 수 있기 때문이죠. 그래서 보통의 나무는 천천히 자랄 수밖에 없습니다. 그러나 대나무는 '목질화'를 거치지 않습니다. 대나무는 사실 나무가 아닙니다. 대나무는 풀입니다. 대나무는 목질화를 하지 않고도 높이 자랄 수 있습니다. 대나무 속이 비어 줄기 자체가 무겁지 않고 강한 탄성을 가지고 있기에 꺾이거나 부러지지 않습니다. 오히려 비바람과 눈에 부드럽게 휘어지는 유연성으로 다른 나무들보다 바람에 더 강한 면모를 가지고 있죠.

또한 보통의 나무가 하나의 생장점을 가지는 데 반해 대나무는 마디마다 생장점을 가지고 있습니다. 수많은 마디들이 동시다발적으로 생장하기 때문에 대나무는 주변의 나무들보다 더 빨리 햇빛에 다가갈 수 있게 됩니다. 대나무의 고향이며 수많은 식물들이 경쟁하고 있는 동남아시아의 열대. 그곳엔 상상하기 힘든 방식으로 빛에 대한 갈증을 해결하는 식물이 있습니다.

스스로 몸에 구멍을 뚫는 이유

라피도포라

보르네오섬 열대 우림 지역. 이곳은 지구에서 일조량이 가장 많은 곳 중 하나입니다. 얼핏, 이곳에 사는 식물들은 빛 걱정 없이 살 수 있을 것처럼 생각되지만 그것은 정글을 하늘에서 내려다봤을 때만 맞는 얘기입니다. 정글 속을 한 번이라도 걸어본 적이 있는 사람이라면 쉽게 알 수 있습니다. 정글은 앞이 잘 보이지 않을 정도로 어둡습니다.

태양이 머리 위에 있는 한낮에도 열대의 숲 속은 온대의 숲 속보다 훨씬 어둡습니다. 하늘을 올려다보면 빽빽하게 자란 키 큰 나무들이 이곳의 태양을 독식하고 있기 때문입니다. 키 큰 나무들은 아래쪽에 빛을 나누어주지 않습니다. 부익부 빈익빈(富益富 貧益貧)이죠. 그래서 키 큰 나무들 아래 있는 모든 식물들은 빛 부족에 시달립니다. 기득권자인 키 큰 나무들이 죽기 전까지 그 아래 있는 나무들은 햇빛을 거의 받지 못합니다. 그래서 덩굴 식물은 키 큰 나무들과는 다른 방식으로 자랍니다.

덩굴 식물은 태어나자마자 덩굴을 뻗습니다. 덩굴의 끝부분에는 햇빛을 감지할 수 있는 세포가 있죠. 그런데 덩굴은 처음부터 빛이 있는 방향으로 자라지 않습니다. 오히려 빛이 없는 방향으로 자랍니다. 햇빛이 새어 들어오는 위쪽의 밝은 곳으로 자라지 않고 어두운 곳을 향해 기어가는 것이죠. 덩굴 식물이 어둠을 찾는 이유, 그것은 키 큰 나무를 찾기 위해섭니다. 키 큰 나무가 시작되는 나무 기둥은 나무에서 가장 어두운 곳입니다. 오랜 시간 동안 낙엽이나 나뭇가지들이 많이 쌓여 있기 때문이죠. 키 큰 나무는 이미 단단한 기둥을 가지고 있으며 주위의 경쟁자들을 이긴 덕에 빛을 받을 수 있는 충분한 공간을 확보하고 있죠.

나무 기둥을 찾아낸 덩굴 식물은 단단한 목질부를 만들지 않고 곧장 나무를 휘감으며 햇빛 방향으로 자라납니다. 그래서 목질부를 만드는 시간과 에너지를 들이지 않고도 빠른 시간 내 빛을 확보해 광합성을 할 수 있는 거죠. 하지만 여기서 문제가 생깁니다. 덩굴 식물이 나무 기둥을 타고 수직으로 자라다 보면 위쪽 잎들이 아래쪽 잎들의 햇빛을 가리게 되는 거죠. 덩굴 식물의 일종인 라피도포라(Rhaphidophora foraminifera)는 이 문제를 독특한 방식으로 해결합니다.

라피도포라는 잎에 스스로 구멍을 냅니다. 곤충이 갉아먹는다면 모를까 식물은 일부러 잎에 구멍을 내려 하진 않습니다. 구멍이 뚫리면 잎의 주된 역할인 광합성을 하는 데 큰 손해이기 때문이죠. 하지만 라피도포라는 잎에 구멍을 뚫는 선택을 합니다. 위쪽 잎에 구멍을 내서 아래쪽 잎에 빛을 나누어주기 위해서죠. 조금의 빛이라도 낭비하지 않으려는 라피도포라입니다.

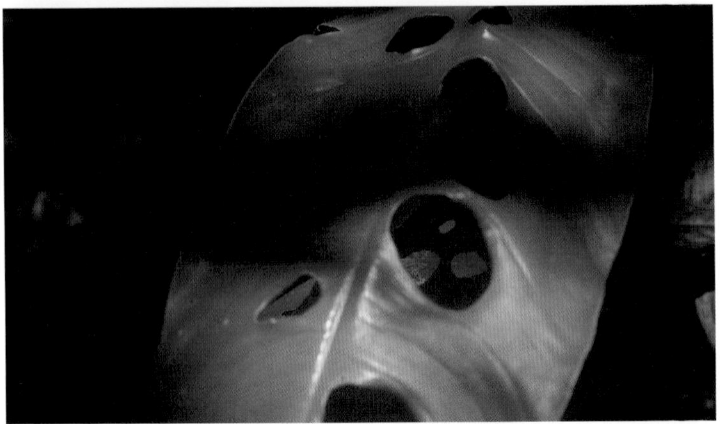

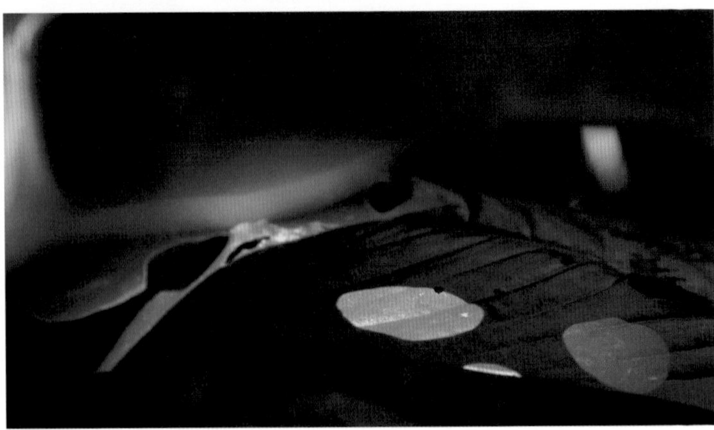

또한 라피도포라의 상층부와 하층부 잎은 다른 형태를 띠고 있습니다. 상층부의 잎엔 많은 구멍이 뚫려 있지만 하층부의 잎은 구멍이 작거나 아예 구멍이 없습니다. 빛을 많이 받는 상층부는 아래쪽 잎에 햇빛을 많이 주기 위해 구멍을 크고 많이 내는 반면, 빛을 아래쪽에 보낼 필요가 없는 하층부의 잎은 상층부의 구멍으로 들어오는 빛을 효과적으로 받기 위해 구멍의 개수를 줄이거나 없애는 거죠. 즉 라피도포라는 잎의 위치에 따라 가변적으로 '빛의 구멍'을 조절합니다.

광합성을 제대로 못하는 탓에 구멍이 난 잎에는 손해입니다. 그러나 전체 잎들이 받을 수 있는 빛의 양은 손해 이상으로 늘어나게 됩니다. 빛이 들지 않는 어두운 숲 속. 개인의 희생으로 전체는 살아남을 수 있게 됩니다.

Chapter

03

물 마시는 법도 가지각색

부활식물

바위손

호주 북부의 워터하우스 강. 건기에 주변의 강은 모두 마르지만 워터하우스 강은 지하에서 샘솟는 물이기 때문에 물이 마르지 않습니다.

그래서 건기가 되면 이 강가 주변으로 작은붉은날박쥐(Pteropus scapulatus) 수십만 마리가 이곳에 모입니다. 물을 찾아 이곳에 온 박쥐들. 그러나 박쥐 중 일부는 건기가 끝나도 이곳을 떠나지 못합니다. 이곳에서 죽기 때문이죠.

박쥐는 사람처럼 서서 물을 마실 수 없기 때문에 특이한 방식으로 물을 먹습니다. 먼저 물가로 날아가 물을 차는 제비처럼, 저공비행을 하면서 몸에 물을 묻힙니다. 그리고 안전한 곳으로 가서 몸에 묻은 물을 핥아 먹는 것이죠. 수십만 마리의 박쥐가 물을 마시기 시작하면 고요한 워터하우스 강은 박쥐의 울음소리로 몹시 시끄러워집니다. 그런데 이 와중에 '퍽', '퍽' 거리며 판때기가 닫히는 듯한 소리도 들립니다. 호주 민물 악어(Crocodylus johnsoni)의 주둥이가 닫히는 소리죠. 그들은 일 년 동안 박쥐가 오기만을 기다렸습니다.

악어는 눈만 살짝 드러내고 잠수하고 있다가 몸에 물을 적시는 박쥐를 낚아채 잡아먹습니다. 박쥐는 악어를 피해 비행하기 때문에 물 위에 떠 있는 악어가 박쥐를 잡아먹기는 쉽지 않습니다. 그러나 워낙 많은 수의 박쥐가 한꺼번에 물을 먹기 때문에 악어는 하루 동안 두세 마리의 박쥐는 거뜬히 사냥하죠.

박쥐 무리가 한꺼번에 물을 먹으러 강가로 나오는 해 질 녘. 악어의 주둥이가 '퍽' 하고 닫히는 굉음, 그리고 박쥐가 악어의 이빨에 걸렸을 때 나는 날카로운 비명과 함께 건기의 하늘은 핏빛으로 물들게 됩니다.

목숨을 걸고 물을 마시는 박쥐. 생명의 위협보다 목마름이 더 절실한 데서 나오는 선택입니다. 하지만 식물은 목이 말라도 박쥐처럼 물가로 다가갈 수 없습니다. 식물은 이동할 수 없기 때문이죠. 식물은 동물 못지않게 목마름을 느끼고 있지만 동물과 같은 방식으로 목마름을 해결할 수 없습니다.

경북 의성의 빙계계곡(氷溪溪谷). 계곡의 주위 암벽에 주먹만 한 크기의 식물이 매달려 있습니다. 바위손(Selaginella tamariscina)입니다. 바위손은 바위에 붙어사는 양치류. 자세히 보면 잎이 누렇게 변해 얼핏 죽은 것처럼 보입니다.

햇빛을 피할 수 없는 절벽. 햇빛을 피할 그늘이 없다면 스스로 그늘을 만들어야 합니다. 바위손은 스스로 몸을 웅크리고 있습니다. 강렬한 햇빛을 피하고 수분 손실을 최소화하기 위해서죠.

바위손 바로 앞에 계곡 물이 흐르고 있지만 바위손은 물을 마실 수 없습니다. 식물은 이동할 수 없기 때문에 식물이 목마름을 견뎌야 하는 시간은 동물보다 훨씬 깁니다.

역시 몸이 뒤틀려 있는 개부처손(Selaginella stauntoniana). 이들도 아직 죽지 않았습니다. 계속 견디며 비를 기다리고 있는 중이죠. 그리고 기다림이 헛되지 않는 순간이 반드시 찾아옵니다. 그때까지 죽지 않았다면 식물은 다시 살아납니다.

비를 맞으면 바위손과 개부처손은 움직이면서 펴지기 시작합니다. 죽은 식물이 살아나는 것 같은 변화. 단 몇 시간 만에 일어나는 이 변화 때문에 이 식물들은 '부활식물'이라 불리기도 합니다. 바위손과 개부처손은 비를 맞아야 비로소 속살을 드러냅니다. 누렇게 죽은 바깥 잎이 아닌 푸르고 싱싱한 속잎을 꽃처럼 피워내는 것이죠. 하지만 이런 시간도 잠시뿐입니다. 비가 계속 오지 않는 이상 바위손과 개부처손은 다시 죽은 듯이 웅크린 상태로 돌아갑니다. 식물은 동물처럼 즉각적으로 갈증을 해결할 수 없지만 대신에 장기간 갈증에 버틸 수 있는 능력을 가지고 있죠.

전깃줄 위에서 살 수 있으려면

캐톱시스

남미 베네수엘라의 수도 카라카스(Caracas) 외곽. 식물은 때론 상상할 수 없는 곳에서 살기도 합니다. 기다란 형태의 잎을 가지고 있는 손바닥 크기의 이 식물. 꽃대가 올라온 개체도 보입니다. 꽃을 피운다는 것은 이 자리에서 그저 살아남았다는 것이 아니라 꽤 오랫동안 살았다는 뜻이 됩니다.

이 식물은 전깃줄 위에서 삽니다. 캐톱시스(Catopsis berteroniana)라 불리는 이 식물은 착생 식물입니다. 착생 식물은 흙 속에 뿌리를 내리지 않고 다른 식물의 줄기나 바위 등에 붙어서 자라는 식물을 말합니다. 열대 숲 속의 한 그루 나무를 찬찬히 들여다보면 그 나무만 홀로 살고 있는 경우는 드뭅니다. 나뭇가지의 틈뿐만 아니라 나무 기둥에도 여러 가지 착생 식물들이 붙어서 함께 살고 있는 것을 볼 수 있습니다. 한 그루 나무가 작은 숲을 이루고 있는 셈이죠. 착생 식물들의 씨앗은 대체적으로 크기가 매우 작은 편에 속합니다. 먼지처럼 작죠. 그래야 씨앗은 바람이나 새털에 붙어 다른 나무로 이동할 수 있기 때문입니다. 이 캐톱시스 씨앗은 전깃줄에 착지를 했습니다.

전깃줄 위에 사는 장점도 있습니다. 주변에 경쟁 식물들이 없어 빛을 독차지할 수 있는 것이죠. 그러나 캐톱시스에게 전깃줄 위는 사막이나 다름없습니다. 흙이 없는 공중이기 때문입니다. 그렇다면 캐톱시스는 수분을 어떻게 얻을까요? 사막을 횡단하는 여행자가 반드시 지참하는 것, 바로 물통입니다. 캐톱시스는 몸속에 물통을 가지고 있습니다. 변형된 잎 중앙에 물을 보관하는 것이죠. 다행히 열대 지역은 비가 자주 내리는 지역입니다. 물을 잠시 동안이라도 보관할 수 있다면 물 부족에 시달리지 않을 수 있는 것이죠.

캐톱시스뿐만 아니라 브로멜리아드 종류(Bromeliad spp.)들은 잎 중앙에 물을 보관합니다. 수분 이외의 부족한 양분은 빗물에 섞여 있는 소량의 미네랄을 흡수하기도 하고 일부 종은 '물통'에 빠진 작은 곤충들을 소화시켜서 양분을 보충하기도 합니다. 그렇다면 캐톱시스의 뿌리는 어떤 역할을 할까요? 캐톱시스의 뿌리는 물을 흡수하는 역할을 하지 않습니다. 전깃줄을 단단히 움켜잡는 역할만 하죠. 뿌리 역할을 하는 잎과 고정하는 역할을 하는 뿌리. 독특한 역할 분담 덕분에 캐톱시스의 아슬아슬한 공중줄타기의 삶은 가능합니다.

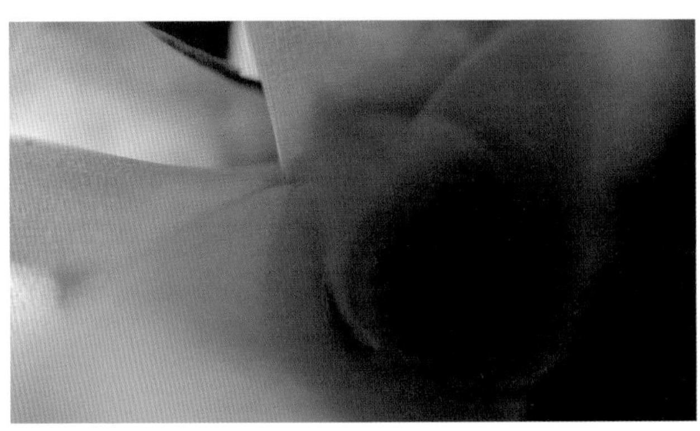

〈캐톱시스 잎 중앙의 물통〉

뿌리 없이 물 먹는 식물

틸란드시아

착생 식물 중엔 아예 뿌리마저 없는 식물도 있습니다. 우리가 흔히 '공중식물(air plants)'이라고 부르는 식물이 그렇죠. 틸란드시아(Tillandsia usneoides)의 경우 그저 줄기만 치렁치렁 늘어져 있을 뿐 어디를 살펴봐도 뿌리처럼 보이는 부분이 없습니다. 흙에 닿은 부분 없이 완전히 공중에 떠 있는 형태를 가지고 있죠. 게다가 앞서 나온 캐톱시스와 같이 물을 저장할 수 있는 물통도 가지고 있지 않습니다.

〈틸란드시아 잎 광학현미경 사진〉

틸란드시아의 비밀 역시 잎에 있습니다. 육안으로 틸란드시아의 잎을 보면 하얀 솜털로 뒤덮여 있는 것을 볼 수 있습니다. 이를 광학현미경으로 보면 털들이 가시처럼 빼곡히 박혀 있는 것을 알 수 있습니다.

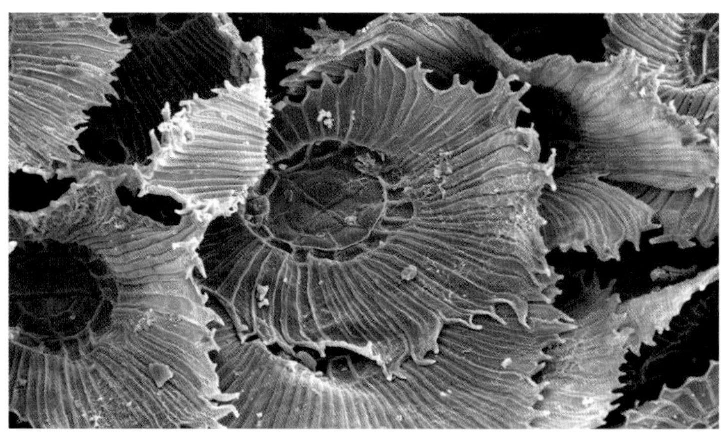

〈틸란드시아 전자현미경 사진〉

이 털들을 다시 전자현미경으로 확대해보면 털들의 역할은 분명해집니다. 잎에 가시처럼 난 털들은 실제론 깔때기 형태로 생겼고 그 중심엔 구멍이 나 있습니다. 즉 비가 오면 하얀색 털들이 빗방울을 모아 하수구 맨홀과 같은 구멍으로 보냅니다. 그러면 이곳에서 삼투압의 원리(물이 농도가 낮은 쪽에서 높은 쪽으로 옮겨가는 현상)에 의해 틸란드시아는 물을 흡수하게 됩니다.

이 삼투압의 원리는 식물의 뿌리가 물을 흡수하는 원리와 같습니다. 즉 틸란드시아는 잎이 뿌리 역할을 합니다. 이 털들은 약 45도 각도로 세워져 있습니다. 공중에서 수직으로 떨어지는 빗물의 낙하 속도를 늦추면서 모을 수 있는 최적의 각도죠. 게다가 털 안쪽에는 홈이 파여져 있습니다. 물길을 낸 것이죠. 빗물은 이 물길을 따라 물을 흡수하는 구멍으로 빨려 들어가게 됩니다.

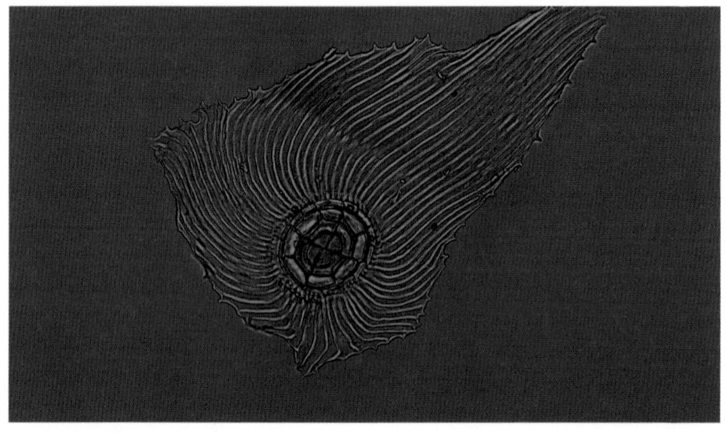

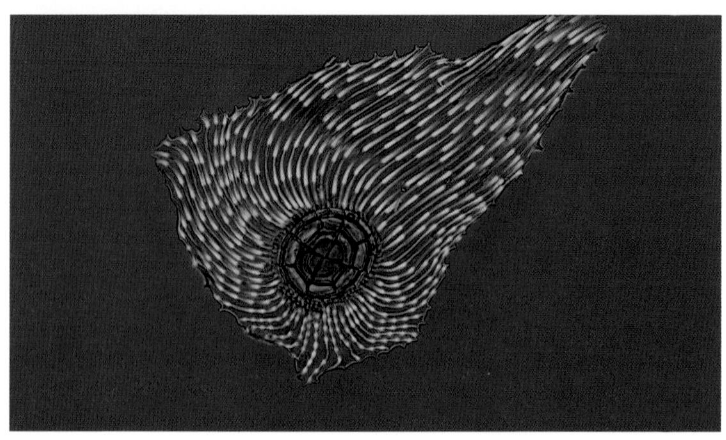

우리는 흔히 뿌리, 줄기, 잎으로 식물을 나눕니다. 그러나 그것은 어디까지나 인간의 기준일 뿐입니다. 오히려 이런 기준 때문에 식물의 본모습을 놓치기 쉽죠. 틸란드시아는 뿌리가 없는 대신 잎이 곧 뿌리가 됩니다. 착생 식물인 틸란드시아에겐 뿌리를 만들어 물을 흡수하는 것보다 잎이 뿌리 역할을 하는 것이 더 효율적인 거죠. 식물은 저마다 자신이 처한 환경에 가장 적합한 생존방식을 찾아가고 있습니다. 식물 역시 모든 동물들과 마찬가지로 살고자 하는 욕망이 있을 뿐이죠.

Chapter

04

동물을 이용하거나 먹어버리거나

모기를 익사시키는 전략가

헬리암포라 누탄스

남미 베네수엘라의 로라이마 산(Mt. Roraima). 베네수엘라와 브라질 국경에 접해 있는 로라이마 산은 독특한 모양 때문에 유명합니다. 정상이 뾰족하지 않고 평평하죠. 로라이마는 현지 사람들의 언어로 '물의 어머니'란 뜻입니다. 백두산보다 높은 해발 2,810미터 정상에서 내리는 비가 산 밑 저지대까지 이른다 해서 붙여진 이름입니다. 이곳의 연간 강수량은 9,000밀리리터. 지구에서 가장 비가 많이 오는 곳 중 하나죠.

〈로라이마 산 측면의 폭포〉

〈로라이마 정상 모습〉

로라이마 산 정상이 평평한 이유는 바로 많은 비와 강한 바람이 정상에 있는 모든 것을 깎아냈기 때문입니다. '비 오는 사막', 어떤 사람들은 로라이마를 이렇게 부르기도 합니다. 비바람이 모든 것을 쓸고 내려가 바위와 암석만 남아 있는 척박한 땅이기 때문이죠.

그러나 조금의 흙이라도 있다면 식물은 존재합니다. 정상 서쪽에 있는 크리스탈 밸리(Crystal Valley). 말 그대로 수정이 자라고 있는 지역인데 이 보석들 사이에서도 뿌리는 내립니다. 단단하고 매끄러운 보석 틈에서 식물은 자라고 있죠.

근처 물이 고인 웅덩이를 살펴보면 또 다른 식물들을 볼 수 있습니다. 다양한 종류의 식물들이 섬을 이룬 모습이 마치 누군가가 일부러 꽃꽂이를 해놓은 것 같습니다. 그러나 이들이 이렇게 모여 사는 이유는 살 '땅'이 없기 때문입니다. '비 오는 사막'인 로라이마 산엔 흙이 거의 없습니다. 그래서 흙이 약간이라도 있는 곳에 식물들은 모이게 되고 여기서 경쟁이 일어납니다.
옆으로 자랄 자리도 없는 탓에 이 웅덩이의 식물들은 타워처럼 층층이 성장합니다. 한 세대가 죽으면 그 위에 다음 세대가 자라나죠. 그래서 수십 년 동안 고작 몇 센티가 자랄 정도로 성장이 느립니다. 로라이마 산 정상은 길이 14킬로미터, 면적은 31제곱킬로미터에 이르지만 식물이 살 수 있는 땅은 많지 않습니다. 흙조차 거의 없는 땅. 식물의 생존에 필요한 무기물질 역시 이곳에선 기대할 수 없습니다. 영양분 결핍에 시달릴 수밖에 없는 식물. 그래서 이곳의 식물들은 흙말고 다른 곳에서 영양분을 얻어야만 하죠.

로라이마 산 정상에서 꽃을 피운 식물. 충분히 성장을 했기에, 충분히 영양분을 흡수했기에 꽃을 피울 수 있습니다. 이 식물의 이름은 헬리암포라 누탄스(Heliamphora nutans). 이 식물은 모자란 영양분을 흙이 아닌 다른 곳에서 얻습니다. 바로 곤충입니다. 이 식물은 곤충을 통 속에 빠트려 소화시킵니다. 하지만 모기와 같은 곤충은 결코 만만한 상대가 아닙니다. 대부분의 식물은 재빨리 움직일 수 없지만, 곤충은 보이지 않을 정도로 빠릅니다.

그래서 헬리암포라가 세운 전략은 이렇습니다. 헬리암포라는 일단 재빠른 모기를 정지시킵니다. 모기를 정지시키는 것은 미끼. 헬리암포라는 잎의 윗부분에 꼭지처럼 돌출된 부위가 있는데, 이곳에서 단맛을 내는 물질을 만듭니다. 모기는 이 물질을 먹으려 잎에 착지하죠(피를 빠는 것은 산란을 앞둔 암컷 모기뿐이며 수컷 모기를 비롯해 평상시의 모기들은 단맛을 좋아합니다). 미끼는 항상 충분하지 않습니다. 모기는 더욱더 단맛을 맛보고 싶어 이리저리 움직이다가 미끄러지게 됩니다. 헬리암포라의 잎 안쪽에는 가시 같은 털이 아래 방향으로 나 있습니다. 한번 모기가 발을 헛디디면 쉽게 통 속으로 미끄러지죠.

〈물 속에서 물 밖으로 탈피하는 모기〉

하지만 문제가 있습니다. 모기는 물에 빠지지 않습니다. 물에는 표면장력이 있어 모기처럼 가벼운 물체는 물에 가라앉지 않죠. 표면장력은 물 분자끼리 서로 끌어당기는 힘 때문에 발생하는데 빗방울이 둥근 것도 이 표면장력 때문입니다. 너무나 가벼운 모기는 빗방울을 맞아도 젖지 않습니다. 튕겨져 나올 뿐이죠. 빗방울에 정면으로 맞는다 해도 결과는 마찬가지입니다. 잠시 균형을 잃을 뿐 모기는 다시 날아오릅니다.

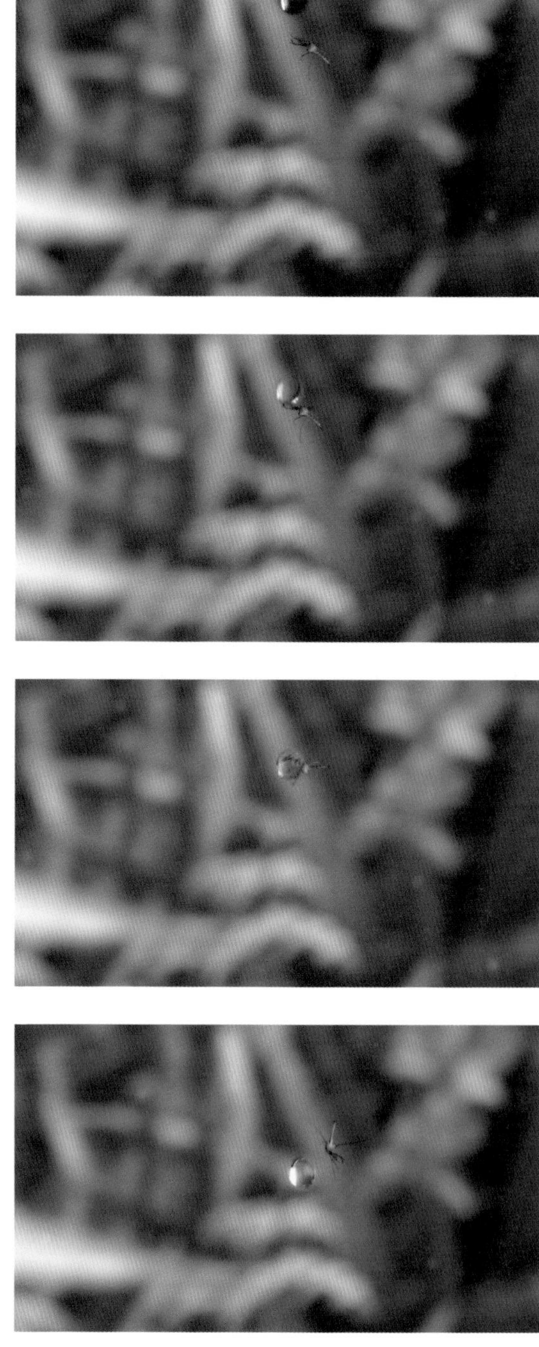

그렇다면 헬리암포라는 어떻게 모기를 익사시킬 수 있을까요? 비밀은 헬리암포라 통 속에 담긴 액체에 있습니다. 이 액체 속엔 소화제 성분만 있는 것이 아닙니다. 헬리암포라는 표면장력을 감소시키는 계면활성제를 만들어냅니다. 계면활성제는 세제나 비누에 들어 있는 성분으로 물 분자가 서로 끌어당기는 힘을 약화시키는 물질입니다. 인간만 이런 물질을 만들어낼 수 있는 게 아니죠. 헬리암포라가 만들어낸 이 성분 덕분에 헬리암포라는 모기를 익사시킬 수 있습니다.

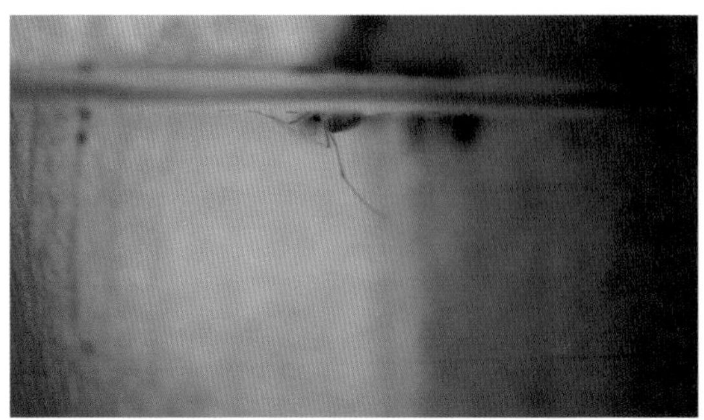

〈헬리암포라 안에서 익사하는 모기〉

이렇게 익사시킨 모기를 소화시켜 영양결핍은 해소되지만 또 한 가지 문제가 있습니다. 바로 비가 올 때입니다. 소화액과 계면활성제가 담긴 통에 빗물이 가득 차게 되면 이 화학성분들이 모두 묽어져 제 역할을 할 수 없게 됩니다. 한두 차례 비가 오는 것은 증발되기를 기다릴 수 있겠지만 로라이마 산은 수시로 비가 내리는 곳 중 하나죠. 뒤에 소개될, 육식을 하는 일부 식물들은 이 통 속에 물이 들어가지 못하도록 '우산' 형태의 덮개를 마련해 놓기도 합니다. 하지만 헬리암포라는 이런 덮개를 가지고 있지 않습니다. 하늘을 향해 뻥 뚫려 있는 형태죠.

헬리암포라는 이 문제에 대한 해결책도 가지고 있습니다. 바로 '수위조절장치'죠. 헬리암포라는 잎 중간 부분에 작은 구멍을 내두었습니다. 그래서 비가 많이 내려 일정 수위 이상으로 차오르면 이 구멍을 통해 빗물이 배출되어 나갑니다. 그 결과 헬리암포라는 일정한 수위를 유지시킬 뿐만 아니라 적당한 수준의 소화액과 계면활성제 농도를 맞출 수 있죠.

'비 오는 사막'이라 불리는 로라이마 산. 물 때문에 영양분이 사라진 땅이지만 헬리암포라는 오히려 물을 제어해가며 영양분을 얻어냅니다.

먹이에 맞게 변신하는 잎

네펜데스 벤트라타

보르네오 섬 서북부 물루(Mulu). 하늘을 찌르고 있는 뾰족한 돌탑들이 있습니다. 석회암으로 이뤄진 돌탑들의 높이는 수십 미터에 이릅니다. 이 돌탑을 조각한 것은 비입니다.

보르네오 섬 역시 베네수엘라의 로라이마 산과 마찬가지로 지구에서 가장 비가 많이 내리는 곳 중 하나입니다. 로라이마 산과 마찬가지로 끊임없이 내리는 비는 석회암뿐만 아니라 토양 속 영양분도 쓸어냅니다. 쉽게 믿기지 않겠지만, 이곳 역시 영양분이 부족한 땅이죠. 그 어떤 곳보다 빽빽한 녹색의 밀도를 보고 흔히 열대 우림 지역의 토양에는 풍부한 영양분이 있을 것이라고 생각합니다.

하지만 보르네오 섬은 다릅니다. 보르네오 섬이 위치한 동남아시아의 열대는 아프리카의 열대 우림 지역, 아마존의 열대 우림 지역보다 나이가 많습니다. 지구에서 처음 생긴 열대 우림 지역이 동남아시아 열대 지역이며 그만큼 노후화된 토양입니다. 게다가 보르네오 섬엔 인근의 수마트라 섬이나 자바 섬에 있는 화산이 없습니다.

인간은 화산을 재앙이라고 여기지만 자연의 관점에서 보면 화산은 '순환'의 역할을 합니다. 화산은 표토층을 뒤집으며, 땅속 깊은 곳에 있는 무기물질을 땅 표면으로 퍼 올리는 역할도 합니다. 그래서 식물의 관점에선 화산이 오히려 '축복'일 수도 있습니다. 세계에서 가장 맛 좋은 커피의 생산지가 대부분 화산지대인 것은 우연이 아니죠. 그러나 보르네오 섬의 토양은 노후화되었고, 생기를 불어넣어줄 화산도 없습니다. 그래서 이곳 식물들 역시 영양 부족에 시달립니다.

그래서 이곳의 식물은 영양분을 얻기 위해 독특한 기관을 만들어냅니다. 처음부터 이 줄기는 무언가를 붙잡으려 합니다. 만약 붙잡을 게 없다면 회전을 하며 스프링을 만듭니다. 줄기의 끝부분은 점점 통처럼 길어지며 커집니다. 통이 다 커지면 통 안에 물이 차오르는데 그렇게 되면 무게가 꽤 나가게 됩니다. 그 무게를 견뎌내기 위해 무언가를 붙잡으려 했고 완충작용을 할 스프링 형태를 만든 것이죠.

이런 통을 가진 식물들을 네펜데스라고 부릅니다. '통'이란 뜻이죠. 네펜데스는 잎 끝부분에 통처럼 생긴 기관을 만들고 이 안에 소화액을 담아 둡니다. 영양분이 부족한 토양. 이곳에 살고 있는 네펜데스 종들은 이 통을 '먹이'에 맞게 다양하게 변화시켜 부족한 영양분을 얻어냅니다.

전례 없는 육식가들

네펜데스 라자,
네펜데스 빌로사

해발 4,095미터의 코타키나발루 산. 보르네오 섬뿐만 아니라 동남아시아에서 가장 높은 산이죠. 이곳에는 전 세계에서 가장 많은 종류의 네펜데스가 살고 있으며 코타키나발루 산에는 그중에서도 가장 큰 종이 살고 있습니다.

이 네펜데스의 이름은 네펜데스 라자(Nepenthes rajah). 라자는 '귀족'이나 '영주'를 뜻하는 말입니다. 네펜데스 중 가장 큰 통과 뚜껑을 가지고 있죠. 2009년 영국의 한 생태학자가 필리핀의 빅토리아 산에서 전례 없는 발견을 합니다. 네펜데스 라자 속에 소화되고 남은 쥐의 뼈를 발견한 것이죠.

네펜데스 라자 뚜껑에서는 달콤한 액체가 만들어지는데 실제로 이 액체를 핥아 먹기 위해 작은 설치류 등이 자주 방문을 합니다. 흔히 네펜데스 종류를 두고 곤충을 잡아 먹는다 하여 '벌레잡이통풀' 혹은 '식충식물(食蟲植物)'이라고 묶어 부릅니다. 하지만 이는 엄밀하게 말하면 정확하지 않은 용어입니다. 네펜데스 종류는 곤충만을 먹지 않습니다. 쥐나 양서류 등을 소화시킬 수도 있죠. 그렇다고 네펜데스가 '육식'만 하는 것도 아닙니다. 일부 네펜데스 중에는 '채식'을 하거나 동물의 배설물을 받아먹는 종도 있기 때문이죠.

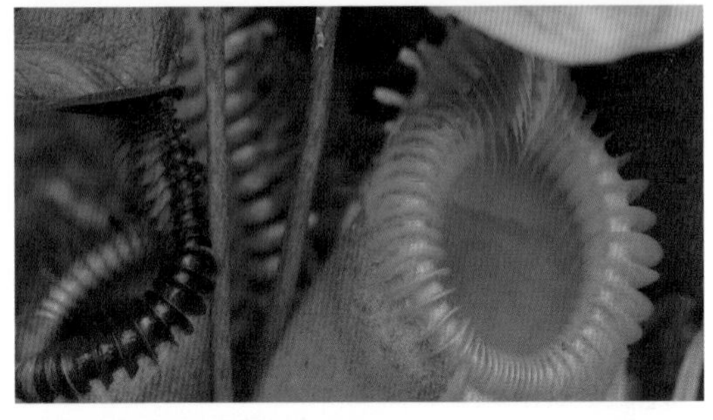

네펜데스 빌로사(Nepenthes villosa) 역시 꽤 커다란 통을 가지고 있습니다. 크기가 크다는 것은 그만큼 큰 먹이를 노리고 있다는 뜻이죠. 네펜데스 빌로사의 통 입구에는 이빨 같은 돌기들이 나 있습니다. 돌기는 매우 날카롭고 딱딱하죠.

보통 네펜데스의 입구에는 동물을 유혹하는 단맛 성분의 물질이 있고 그 주위는 미끄러운 재질로 되어 있습니다. 동물이 쉽게 통 속에 빠질 수 있게 말이죠. 네펜데스 빌로사의 돌기는 좀 더 완벽하게 통 속으로 빠지게 하는 역할을 합니다. 즉 간격을 두고 떨어져 있는 돌기들이 그 위로 올라온 동물과의 마찰력을 최소화시킵니다. 또한 돌기들이 원형으로 휘어져 있어 먹잇감을 순간적으로 떨어지게 하죠. 이 돌기는 '장벽'과 같은 역할을 해 빠진 동물이 다시 통 밖으로 나오지 못하게 합니다.

이 돌기 덕분에 일정 크기 이하의 벌레는 통 안으로 넘어가지 못합니다. 비교적 큰 벌레들만 이 장애물을 넘어갈 수 있죠. 자잘한 것들은 먹지 않겠다는 뜻일까요. 실제로 네펜데스 빌로사 통 속을 들여다보면 상당히 큰 크기의 곤충인 딱정벌레류가 주로 빠져 있습니다.

수백 마리 곤충을 한 끼 식사로

네펜데스 알보마지나타

보르네오섬 서부에 위치한 쿠칭(Kuching)의 국립공원. 개미처럼 보이는 터마이츠(Termites)는 나뭇잎을 분해해 먹습니다. 터마이츠를 '흰개미'라 번역하기도 하지만 이는 오해의 소지가 있는 말입니다. 쿠칭에 살고 있는 터마이츠는 흰색이 아닌 짙은 갈색입니다. 게다가 터마이츠는 분류학적으로 개미도 아닙니다. 터마이츠는 개미가 속해 있는 벌목이 아니라 바퀴벌레가 속해 있는 바퀴목의 곤충이기 때문이죠.

〈무리 지어 이동하는 터마이츠〉

네펜데스에게 터마이츠는 그리 매력적이지 않은 먹이일 수도 있습니다. 한 마리의 크기가 1 센티미터도 되지 않아 영양분이 많지 않기 때문입니다. 하지만 터마이츠는 혼자 다니지 않습니다. 터마이츠는 무리를 지어 움직입니다. 때문에 무리 전체를 유혹할 수만 있다면 얘기는 달라집니다. 충분한 영양분이 될 수 있죠.

터마이츠에게 나뭇잎은 노력이 필요한 먹이입니다. 나뭇잎 한 장을 분해하는 데 반나절 정도의 시간이 걸리기 때문이죠.

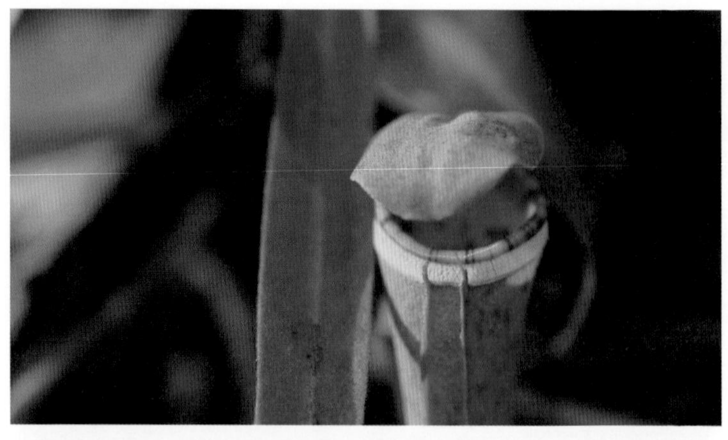

네펜데스 알보마지나타(Nepenthes albomarginata)는 이런 터마이츠의 식성을 알고 있습니다. 그래서 통 입구에 하얀 띠를 둘러 놓았습니다. 이 하얀 띠에는 터마이츠가 좋아하는 성분이 들어 있으며 이것은 나뭇잎보다 훨씬 먹기 쉬운 먹이죠.

주로 밤에 활동하는 터마이츠의 선발대만 유혹하면 네펜데스의 터마이츠 사냥은 끝난 것과 마찬가지입니다.

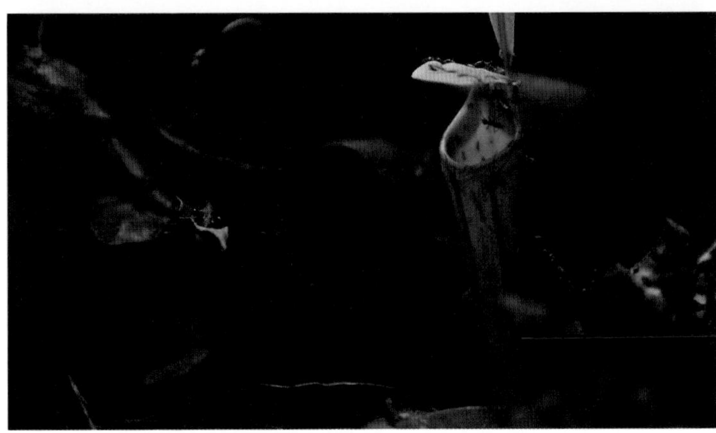

선두가 하얀 띠의 유혹에 빠져 통 속으로 들어가기 시작합니다. 그러나 전체 터마이츠 무리는 전진만 하려고 합니다. 선두에 문제가 생겼지만 이런 비상 사태를 후미에 알려줄 터마이츠는 계속 통 속으로 사라지게 됩니다.

계속되는 낙하. 터마이츠의 습성을 아는 네펜데스 알보마지나타는 하룻밤 새 수백 마리의 터마이츠를 익사시킵니다. 아침에는 터마이츠의 시체가 통 속을 가득 메우기도 하죠.

여기는 ‘박쥐 호텔’

네펜데스 헴슬리야나

보르네오 섬 물루의 사슴동굴(Mulu Deer Cave). 이 지역에는 석회암이 많습니다. 그래서 석회암 동굴 역시 많죠. 근처엔 대형 여객기가 통째로 들어갈 만한 규모의 동굴도 있습니다.

〈사슴동굴 내부〉

동굴 바깥에서 들어오는 빛에 바닥이 반짝거립니다. 마치 보석처럼 빛나고 있지만 보석은 아닙니다. 가까이 가면 움직이는 것을 볼 수 있죠. 이 반짝거림의 정체는 바퀴벌레(Pycnoscelus indica)입니다. 바퀴벌레의 등껍데기가 빛을 반사시켰던 것이죠. 셀 수 없을 정도로 많은 바퀴벌레. 이들이 이곳에 가득 모인 이유는 바닥의 흙 때문입니다.

산더미처럼 쌓여 있는 흙의 정체는 박쥐의 배설물. 배설물엔 영양분이 많습니다. 작은 바퀴벌레뿐만 아니라 다양한 크기의 바퀴벌레가 살고 있으며 곤충을 잡아먹는 거미도 삽니다. 또한 양서류, 파충류, 조류도 사는데 이 모든 것은 박쥐의 배설물 덕택이죠.

〈해 질 녘 사냥을 하러 나가는 박쥐〉

박쥐는 밤사이 이 지역을 돌며 곤충을 사냥하거나 열매를 먹고 새벽에 동굴에 들어와 배설을 합니다. 약 200만 마리의 박쥐가 동굴 밖의 영양분을 동굴 안으로 매일 실어 나르는 것이죠. 이 풍부한 영양분 덕분에 동굴 안에도 생태계가 만들어집니다. 동굴 밖 생태계를 동굴 안까지 확장시키는 것이죠.
동굴 생태계를 만들고 유지시키는 것. 그것은 배설물의 힘입니다. 이렇게 영양분이 풍부한 박쥐의 배설물. 그래서 어떤 네펜데스는 박쥐의 배설물을 탐냅니다.

네펜데스 헴슬리야나(Nepenthes hemsleyana)는 박쥐가 언제 배설을 하는지 알고 있습니다. 박쥐는 주로 사냥을 마치고 자기 전에 배설을 합니다. 그래서 이 네펜데스는 박쥐를 재우려 하죠. 아침이 되면 지친 박쥐는 잘 곳을 찾습니다. 네펜데스는 박쥐에게 편히 잠잘 수 있는 공간을 제공합니다. 다른 박쥐들에게 방해받지 않고 혼자서 쉴 수 있는 아늑한 잠자리죠.

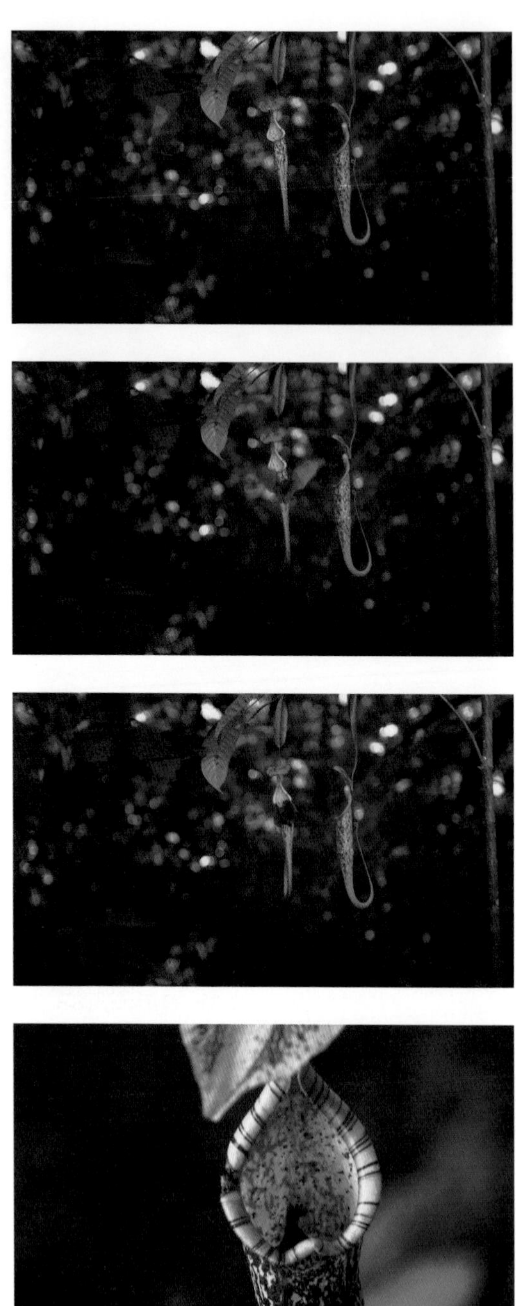

〈통 속에서 자고 있는 박쥐〉

그런데 네펜데스는 어떻게 박쥐를 부를 수 있을까요? 박쥐는 시력이 좋지 않습니다. 주로 음파로 주변을 인식하죠. 네펜데스 헴슬리야나는 곤충 등의 먹잇감을 빠트리는 통을 반사판으로 개조했습니다. 다른 네펜데스들보다 박쥐의 음파가 뚜렷하게 반사될 수 있도록 뚜껑과 입구의 각도를 조절한 것이죠. 즉 박쥐의 눈에만 띄는 호텔 간판을 단 셈입니다. 그래서 주변에 다른 종류의 네펜데스가 있어도 박쥐는 항상 네펜데스 헴슬리야나에서만 잠을 잡니다. 게다가 박쥐는 귀소본능이 있어 매일 같은 네펜데스로 찾아옵니다. 덕분에 네펜데스는 매일 신선한 영양분을 배달 받습니다.

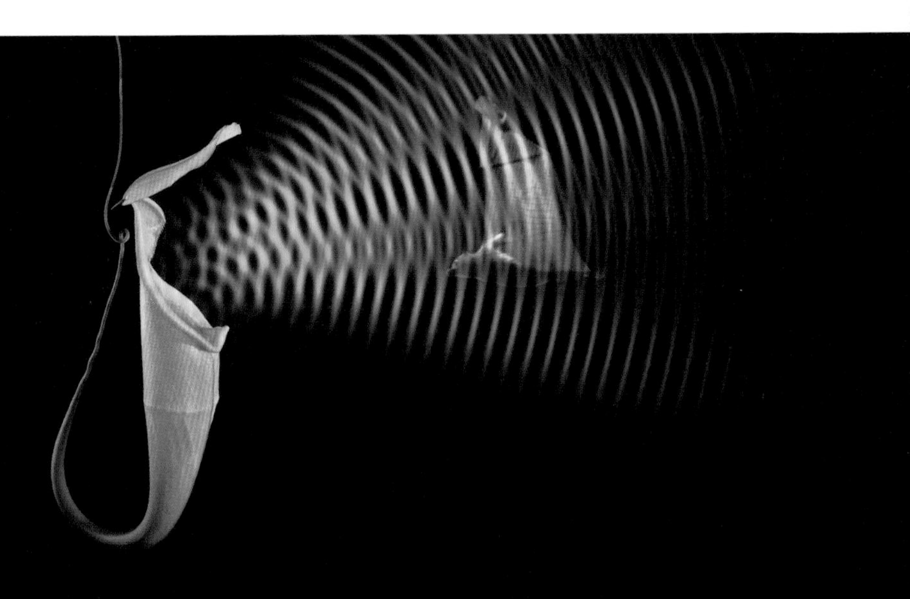

나무두더지의 변기로 사는 법

네펜데스 로위

해발 고도 2,300미터의 물루 산. 흙 속 양분이 적은 이 지역엔 큰 나무가 자랄 수 없습니다. 번성하고 있는 것은 키 작은 관목과 이끼류뿐입니다. 그래서 이곳에 사는 동물도 제한적이죠.

나무두더지(Tree Shew)는 2,000미터가 넘는 고산지대에서 그나마 가장 덩치가 크며 가장 많은 배설물을 만드는 동물입니다. 배설물을 가장 확실하게 얻는 방법은 뭘까요? 네펜데스 로위(Nepenthes lowii)는 변기가 되었습니다.

변기는 앉는 사람의 사이즈를 고려해야 하고 그 무게를 견뎌야 합니다. 이 네펜데스는 나무두더지 엉덩이에 최적화된 사이즈를 가졌습니다. 또한 힘을 줘도 깨지지 않을 정도로 단단합니다. 배설물을 한곳으로 모을 수 있는 유선형의 디자인, 이 잘록한 구멍 속으로 배설물을 남기지 않고 모으며 역류도 방지합니다. 게다가 맨 아래쪽에 충분한 배설물 저장 공간도 갖추고 있죠.

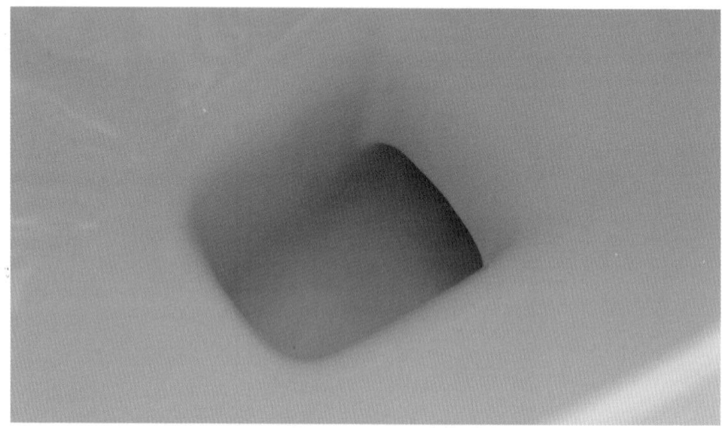

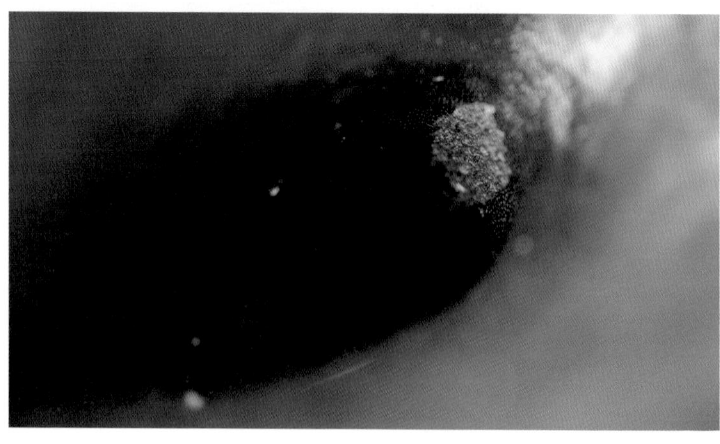

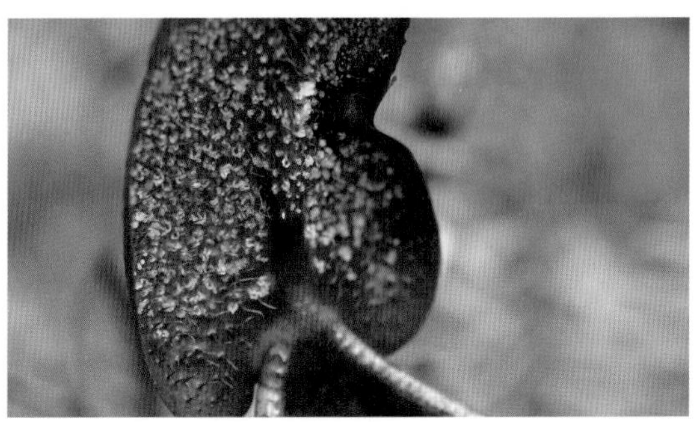

인간이 만든 변기와 한 가지 다른 점은 뚜껑 부분에 나무두더지를 유인하는 하얀 물질을 만든 것입니다. 뚜껑에 묻어 있는 이 물질을 핥아 먹기 위해 나무두더지는 완벽한 배변 자세를 취하게 됩니다. 게다가 이 하얀 물질 속엔 단맛이 나는 성분만 들어 있는 게 아닙니다. 여기엔 배변을 활발하게 하는 성분도 들어 있어 원활한 배변을 유도하죠.

〈나무두더지의 똥〉

가끔 조준이 잘 안 되는 때도 있습니다. 그러나 매끄럽고 단단하게 코팅되어 있는 안쪽 벽 덕분에 구멍에 미처 들어가지 못한 배설물도 결국 비가 오면 씻겨 들어갈 수 있는 구조죠. 이것이 공중에 달린 변기, 네펜데스 로위가 척박한 환경에서 살아남는 방식입니다.

코알라의 이유식이 되기까지

유칼립투스

호주에 사는 코알라(Phascolarctos cinereus)는 하루에 20시간 동안 잠을 잡니다. 코알라는 현지 말로 '물이 없다'는 뜻입니다. 코알라는 물을 먹지 않습니다. 오직 유칼립투스 잎으로부터 수분과 양분을 모두 얻습니다. 그런데 유칼립투스 나뭇잎에는 독성이 있습니다. 동물들로부터 잎을 보호하기 위해서죠. 독성이 있는 잎을 소화시키기 위해 코알라는 대부분의 시간을 잠으로 보냅니다.

〈생후 3개월 된 새끼 코알라〉

어미 코알라는 유칼립투스 독성에 면역력을 가지고 있지만 새끼 코알라는 그렇지 않습니다. 그래서 새끼 코알라는 특별한 이유식을 먹어야 합니다. 젖 뗄 시기의 새끼 코알라는 가끔 어미의 하반신 쪽에 매달립니다. 그러고는 주둥이와 팔로 어미의 아랫배를 문지르며 마사지하죠.

〈새끼의 코와 입 주변에 묻어 있는 어미의 배설물〉

초반에 나오는 이유식은 단단해서 거의 먹지 못합니다. 특별한 이유식은 바로 어미의 배설물. 독에 대한 면역력이 있는 어미의 배설물을 먹어야 새끼도 독에 대한 내성을 기를 수 있습니다.

자세를 고친 뒤 마사지를 계속하다 보면 새끼가 흡수하기 좋은 상태의 묽은 배설물이 나오기 시작합니다. 이 이유식을 약 한 달 동안 먹게 되면 새끼 코알라도 젖을 완전히 떼고 나뭇잎에만 의존해 살아가게 되죠.

식물의 잎에 많은 영양분이 있지는 않습니다. 그러나 잎은 광합성을 해서 영양을 만들어내는 기관이며 식물의 다른 부위들보다 부드러운 기관이죠. 소화와 흡수에 다소 문제가 있지만 많은 초식동물이 잎에 의지해 살고 있습니다. 그리고 어떤 네펜데스도 잎에 의지해 살고 있죠.

통 속에 올챙이를 키우는 식물

네펜데스 앰퓰라리아

수명이 다한 잎은 떨어집니다. 그리고 그 떨어진 잎이 분해되어 다시 흙 속의 양분이 된다는 사실은 널리 알려진 사실이죠. 숲 차원에서 보면 상식적인 말이지만 숲 속의 한 개체인 식물 차원에서 보면 그리 간단한 문제가 아닙니다. 낙엽은 땅에 골고루 공평하게 떨어지지 않습니다. 어떤 곳에는 많이 떨어지고 어떤 곳에는 적게 떨어지죠. 식물 입장에선 낙엽이 단순히 떨어지는 것보다 '자신에게' 떨어져야 의미가 있습니다. 자신으로부터 먼 곳에 떨어진 나뭇잎은 자신의 영양분이 될 수 없기 때문이죠. 영양분을 찾아 이동할 수 없는 존재인 식물. 그래서 네펜데스 앰퓰라리아(Nepenthes ampullaria)는 독특한 곳에서 잎을 벌립니다.

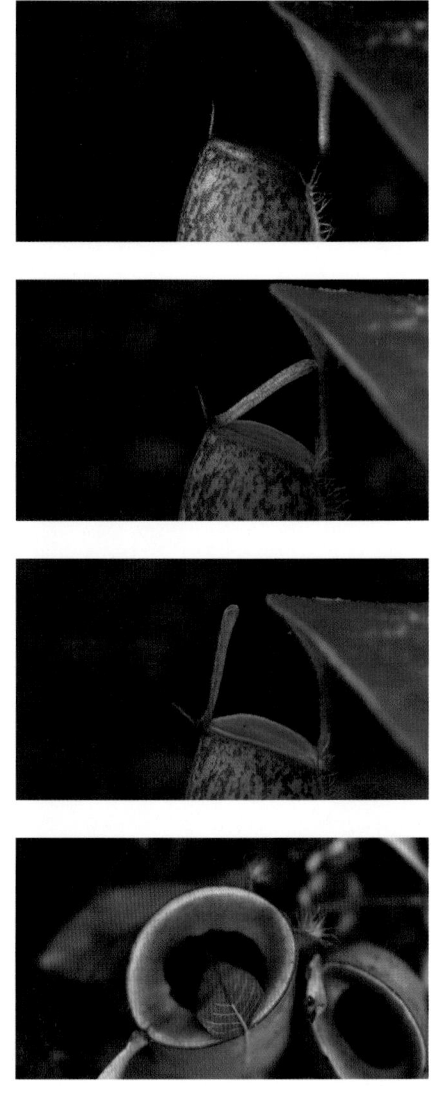

네펜데스 종류는 육식을 한다고 알려져 있지만 이 네펜데스 앰퓰라리아는 주로 나뭇잎을 먹습니다. 채식주의자인 셈이죠. 뚜껑이 보통의 네펜데스보다 많이 젖혀진 것도 낙엽을 잘 받아먹기 위해섭니다.

또한 이들이 나무 아래에 무리 지어 사는 것도 낙엽 때문입니다. 바람이 잘 불지 않는 열대의 숲에서 낙엽이 가장 많이 떨어지는 곳은 바로 나무 아래입니다. 네펜데스 앰퓰라리아는 낙엽이 가장 많이 떨어지는 위치에서 낙엽이 떨어지기를 기다립니다. 또한 낙엽을 받아먹을 수 있는 확률을 높이기 위해 따로 떨어져 있지 않고 밀집해서 입을 벌리고 있죠.

네펜데스 앰퓰라리아의 통 속엔 나뭇잎을 분해할 정도의 약한 소화액만 들어 있습니다. 그래서 이 네펜데스 속엔 모기 유충, 올챙이, 지렁이 등이 건강하게 살고 있습니다. 사체가 쌓여 있어야 하지만 오히려 작은 생태계가 만들어진 것이죠. 그리고 이런 생물들의 배설물 역시 네펜데스 앰퓰라리아의 영양분이 됩니다. 하지만 네펜데스 앰퓰라리아의 입구는 작습니다. 나뭇잎을 받아먹는 데 한계가 있죠. 그래서 보다 효율적으로 나뭇잎을 모으려는 식물들도 있습니다.

천국을 향한 계단

벨보필름 버카리

보르네오 섬의 물루 국립공원. 직경 2미터의 아름드리 거목 기둥에 뭔가가 붙어 있습니다. 바닥으로부터 약 20미터 위에 천국을 향한 계단이 나 있습니다.

벌버필름 버카리(Bulbophyllum beccarii)는 나무 기둥을 나선형으로 감싸면서 자랍니다. 잎 한 장의 크기는 약 30센티미터. 이 지역 사람들은 이 식물의 잎을 '코끼리 귀'라고 부르죠.

이 식물은 나무나 바위 등에 붙어사는 착생난입니다. 흙도 없는 20미터 높이에서 구할 수 있는 영양분은 역시 나뭇잎입니다. 이 식물이 계단형으로 자라는 것도 그 때문이죠.

위쪽에 있는 첫 번째 잎은 낙엽의 낙하 속도를 줄이는 역할을 합니다. 그러면 낙엽은 다음 잎이나 그다음 잎에 착지하게 되죠. 또한 수직 방향에서 보면 잎들은 원형으로 배치되어 있기 때문에 어떤 방향에서 떨어지는 낙엽도 받아낼 수 있습니다. 게다가 벌버필름 버카리의 잎은 바깥쪽이 높고 안쪽이 낮기 때문에 낙엽은 식물 안쪽으로 차곡차곡 쌓이게 됩니다.

낙엽의 낙하 패턴을 고려한 계단형의 잎의 배치! 벌버필름 버카리는 낙엽을 어떻게 받아내야 하는지 알고 있죠. 이렇게 낙엽이 쌓이면 균류가 모여 낙엽을 분해하게 됩니다. 더 빨리 분해가 되도록 많은 균류를 부르려면 당연히 많은 잎을 모아야 합니다. 물론 그 방법을 알고 있는 나무도 있습니다.

나뭇잎을 먹는 나무

요하네스 테즈매니아

요하네스 테즈매니아(Johannesteijsmania magnifica) 역시 보르네오 섬에 살고 있습니다. 나뭇잎 한 장의 폭은 1미터가 넘습니다. 또한 이 거대한 잎들을 겹치지 않는 꽃잎처럼 배치해 두었죠. 이 나무가 이렇게 커다란 잎을 가지고 있는 이유는 낙엽을 모으기 위해서입니다.

또한 요하네스 테즈매니아는 잎은 평평하지 않고 요철이 있습니다. 마찰을 최소화해 잎 위로 떨어진 낙엽이 쉽게 미끄러질 수 있도록 한 것이죠.

그렇게 낙엽은 주둥이 쪽으로 빨려들어 갑니다. 이렇게 모인 낙엽은 뿌리 근처에 차곡차곡 쌓입니다. 낙엽이 모일수록 이를 분해하는 균류도 늘어나고 나무가 먹을 수 있는 양분도 많아지죠.
나뭇잎을 먹는 나무. 낙엽을 모으기 위해 깔대기가 된 식물들. 조금의 영양분도 놓치지 않으려는 노력 덕분에 식물은 굶주림에서 벗어납니다.

PART 02

짝짓기

Chapter

05

Intro

산불이 나야만 꽃이 피는 이유

그라스트리

호주의 건기인 12월. 재앙은 예고도 없이 찾아옵니다. 마른 날벼락 혹은 마찰열에 의해 발생하는 산불. 인간의 관점에선 갑작스레 발생하는 산불이지만 이곳의 식물들에겐 갑작스러운 일이 아닙니다. 이곳의 식물들은 이 재앙을 견뎌낸 적이 있습니다. 이동할 수 없는 식물에겐 자신이 뿌리내린 곳이 세상의 전부입니다. 불이 많이 나는 지역이라면 불에 견뎌야만 합니다. 이곳 식물들은 적어도 수천 년 동안 이런 산불 속에서도 살아남았죠.

불이 나면 그라스트리(Xanthorrhoea sp.)는 스스로 자신을 불태웁니다. 보통 식물의 녹색 잎은 불에 잘 타지 않습니다. 잎에 수분을 머금고 있기 때문이죠. 그러나 그라스트리의 긴 가시처럼 생긴 녹색 잎은 불에 순식간에 타버립니다. 마른 낙엽처럼 말이죠. 그라스트리는 잎에 알콜 성분을 넣어 두었습니다. 잎을 빨리 태우기 위해서죠. 불을 오래 간직하면 식물에겐 위험합니다. 그래서 잎을 빨리 태워 불이 붙어 있는 시간을 줄여야 개체 전체의 죽음을 피할 수 있습니다.

또한 그라스트리의 기둥은 갑옷을 두르고 있습니다. 잎을 빨리 태워버리더라도 남은 불에 견뎌야 하기 때문이죠. 나무의 겉면은 비늘이 감싸고 있는데 수직 방향이 아니라 수평 방향으로 촘촘히 박혀 있습니다. 덕분에 약 600도의 고온도 나무는 견딜 수 있다고 합니다. 이 중심 기둥과 뿌리만 살아남는다면 다시 삶을 도모할 수 있죠.

산불이 잦아지면서 타고 남은 재에서 에틸렌 성분의 연기가 퍼집니다. 그라스트리는 이 연기를 기다렸습니다. 그라스트리는 이 연기를 맡고 꽃을 피웁니다. 에틸렌 성분의 화학물질이 그라스트리의 성장과 개화를 촉진시키는 거죠. 죽음을 견딘 뒤 그라스트리가 가장 먼저 하는 일. 그것은 바로 꽃을 피우는 일입니다.

유혹하고 사라지는 '봄의 전령'

꿩의바람꽃, 얼레지

녹색. 흙을 밀어 올리는 떡잎의 색깔이죠. 식물은 녹색으로부터 시작합니다. 식물은 잎에 있는 엽록소에서 빛과 물을 이용해 에너지를 만들어내는데 이 기관의 색깔이 녹색입니다. 식물이 녹색인 이유는 배고픔을 해결하기 위해서죠.

〈상수리나무 새잎의 성장〉

온통 녹색인 한국 초여름의 숲. 어느 정도 성장해 배고픔을 이겨낸 식물은 이제 녹색이 아닌 기관을 만들어내야 합니다. 바로 꽃이죠. 꽃은 식물의 성기, 유혹의 기관입니다. 그래서 식물은 잎과는 전혀 다른 색깔과 복잡한 모양을 가진 꽃을 만들어냅니다.

〈꿩의바람꽃 개화〉

〈얼레지 꽃의 개화〉

꿩의바람꽃(Anemone raddeana Regel), 얼레지(Erythronium japonicum), 현호색(Corydalis remota). 이런 꽃들을 '봄의 전령'이라 부르기도 합니다. 전령은 소식을 전하자마자 곧 떠나버립니다. 봄의 전령이라 불리는 꽃들도 그렇습니다. 겨울 눈이 녹자마자 꽃을 피웠다가 순식간에 사라져버리죠. 왜 이 꽃들은 그렇게 일찍 폈다가 빨리 사라지는 것일까요? 꽃은 유혹의 기관, 즉 이 꽃에서 저 꽃으로 꽃가루를 날라 수정을 시켜주는 수분매개자(受粉媒介者, pollinator)를 유혹하는 기관입니다. 수분매개자가 활동하는 시기에 이들 눈에 잘 띄어야 수정에 성공할 수 있죠.

봄의 전령이라 불리는 꽃들은 하늘이 트여 있는 개활지가 아닌 숲 속에 자라고 있습니다. 이 꽃들 위에는 높이 10미터 이상의 나무들이 가득하지만 이른 봄엔 이 나무들은 새잎이 나지 않아 앙상한 상태죠. 봄의 전령 꽃들은 바로 이때 꽃을 피웁니다. 이때가 지나면 위쪽에 있는 나무들이 새잎을 내기 시작해 숲은 어두워집니다. 바닥에 있는 봄의 전령 꽃들은 빛을 받을 수 없게 되죠. 빛이 닿지 않아 어두워지면 이 꽃들을 수정해주는 곤충들이 활동하기 어렵고 꽃이 그들 눈에 잘 띄지도 않게 됩니다. 그래서 봄의 전령이라 불리는 꽃들은 이때 만발하는 것이죠. 꽃이 피는 때, 그것은 수분매개자에게 달려 있습니다.

짝짓기 도우미 '가짜 꽃'의 등장

산수국

꽃의 크기가 작다면 여러 개의 꽃을 한곳에 모읍니다. 산수국(Hydrangea serrata f. acuminata)은 여러 개의 작은 꽃이 한군데에 모여서 핍니다. 수분 매개자의 눈에 좀 더 잘 띄기 위해서죠.

〈산수국 가짜 꽃잎〉

이마저도 부족하다면 눈에 띄는 가짜를 만들기도 합니다. 꽃잎처럼 보이는 산수국의 바깥쪽의 꽃잎. 이는 진짜 꽃이 아닙니다. 이 꽃엔 암술, 수술이 없습니다. 눈에 띄는 역할만 하는 가짜 꽃이죠. 이 커다란 가짜 꽃잎 덕분에 수분매개자인 벌은 꽃을 쉽게 찾을 수 있죠.

가짜 꽃잎의 역할은 이게 다가 아닙니다. 진짜 꽃들이 수정이 되면 산수국은 가짜 꽃잎을 뒤집습니다. 가짜 꽃잎은 유혹을 하는 꽃잎. 꽃잎을 뒤집었다는 것은 수분매개자인 벌 등이 오지 말란 뜻이죠. 꽃잎을 뒤집는 것은 에너지가 소모되는 일입니다. 적극적인 의사표시를 하는 셈이죠. 왜 산수국은 일부러 가짜 꽃잎을 뒤집을까요?

산수국은 여러 포기가 함께 꽃을 피우는 식물입니다. 수정을 시켜줄 벌이 이미 수정된 꽃에 또 오는 것은 산수국에게 쓸데없는 일일 뿐만 아니라 수정이 안 된 다른 꽃이 수정될 기회까지 뺏는 것이 됩니다. 그래서 산수국은 가짜 꽃잎을 뒤집습니다. 벌이 수정이 된 꽃에는 오지 않도록 하고 수정이 안 된 꽃에게 가도록 하는 거죠. 작은 꽃을 한군데로 모으고, 가짜 꽃을 만들고, 이 가짜 꽃잎도 뒤집는 산수국. 산수국은 이렇게 마지막까지 모든 꽃의 짝짓기를 성공시키려 합니다.

기꺼이 녹색을 지워버린 잎

개다래

〈잎 뒤에서 개화하는 개다래 꽃〉

개다래(Actinidia polygama) 꽃망울은 크기가 엄지손톱만 한 정도로 크지 않습니다. 게다가 자신의 나뭇잎에 가려 바깥에선 잘 보이지 않죠. 그래서 개다래 꽃은 개화기를 앞두고 다른 곳에 도움을 청합니다. 개다래 꽃이 피는 것은 5월, 약 한 달 전부터 개다래 꽃은 개다래 잎에게 휘발성유기화합물을 뿌립니다. 우리가 맡는 식물 고유의 향기나 냄새가 바로 이런 화학물질로 이뤄져 있으며 이 화학물질을 통해 식물 개체 안에서 혹은 다른 식물들과 대화하기도 합니다.

꽃에서 나온 화학물질은 꽃을 가리고 있던 잎에 작용합니다. 잎은 이 냄새를 맡고 변신을 시작합니다. 녹색이던 잎의 표면은 하얗게 변하기 시작합니다. 즉, 하얀 꽃잎이 되는 거죠.

하얗게 변한 잎들 덕분에 개다래 꽃은 수많은 꽃잎을 갖게 됩니다. 거대한 꽃이 된 것이죠. 수백 장, 수천 장의 꽃잎은 녹색의 숲 어디에서도 눈에 띄게 됩니다. 덕분에 꽤 먼 거리에 있는 수분매개 곤충까지 불러 모을 수 있게 됩니다.

그러나 녹색을 버린 잎은 광합성을 못하게 됩니다. 잎 고유의 역할인 광합성을 하지 못한다는 것은 곧 배고파진다는 뜻이죠. 녹색의 잎이 완전한 하얀색으로 변하는 데는 약 한 달이 걸리고 꽃이 수정된 뒤 하얀 잎이 다시 녹색으

로 변하는 데 약 두 달이 걸립니다. 최소 석 달 동안 변색된 개다래 잎은 제 역할을 하지 못합니다. 이마저도 곧 낙엽으로 떨어지게 되죠. 하지만 개다래는 잎의 희생을 택합니다. 배고파지더라도 눈에 띄는 것을 더 원하죠. 짝짓기에 성공하기 위한 욕구. 식물의 성욕은 동물 못지않습니다.

Chapter

06

좀더 넓게, 좀더 멀리 날아가기 위하여

100분의 1초, 스스로 꽃가루를 던지는 시간

산뽕나무

〈바람에 날리는 리기다소나무 꽃가루〉

식물의 짝짓기는 꽃가루를 수술에서 암술로 이동시키는 것입니다. 수컷과 암컷으로 나눠진 동물들은 따로 떨어져 생활하기도 합니다. 그러나 번식기가 되면 서로를 찾아 움직일 수 있죠. 그러나 식물은 스스로 이동할 수 없습니다. 그래서 식물은 수술의 꽃가루를 암술로 이동시켜줄 누군가의 도움이 꼭 필요합니다.

보이진 않지만 분명히 존재하는 바람. 에너지를 가지고 이동하는 존재죠. 침엽수들은 이 에너지를 기다립니다. 리기다소나무(Pinus rigida)처럼 꽃가루를 바람에 날려 암술에 보내는 것이죠.

그러나 마냥 기다릴 수만은 없습니다. 바람은 언제 불지 모르기 때문이죠. 그래서 식물은 스스로 바람을 만들기도 합니다. 산뽕나무(Morus bombycis)는 강한 바람이 분 것처럼 수술대를 순간적으로 펼칩니다. 스스로 꽃가루를 내던지는 것이죠. 투석기처럼 씨앗을 던지는 이 동작은 단 100분의 1초 사이에 벌어집니다. 공중에 흩뿌려진 꽃가루들은 뭉쳐 있을 때보다 훨씬 작은 바람에도 날릴 수 있게 됩니다.

〈산뽕나무의 꽃가루 퍼트리기〉

날개를 펼치는 포자

쇠뜨기

바람을 더 잘 받기 위해선 바람이 잘 부는 곳으로 가야 합니다. 지표면에 가까울수록 장애물이 많아 바람이 잘 불지 않습니다. 그래서 쇠뜨기(Equisetum arvense)는 바람이 부는 높이까지 올라갑니다. 기껏해야 10센티미터도 안 되는 높이지만 그저 바닥에 머무르려고 하진 않습니다.

바람을 타기 위한 쇠뜨기의 노력은 보이지 않는 곳에서도 계속됩니다. 쇠뜨기가 번식을 위해 만들어낸 포자(胞子). 그 포자에 달린 독특한 장치가 그것이죠. 포자에는 탄사(彈絲)라고 불리는 4개의 끈이 달려 있습니다.

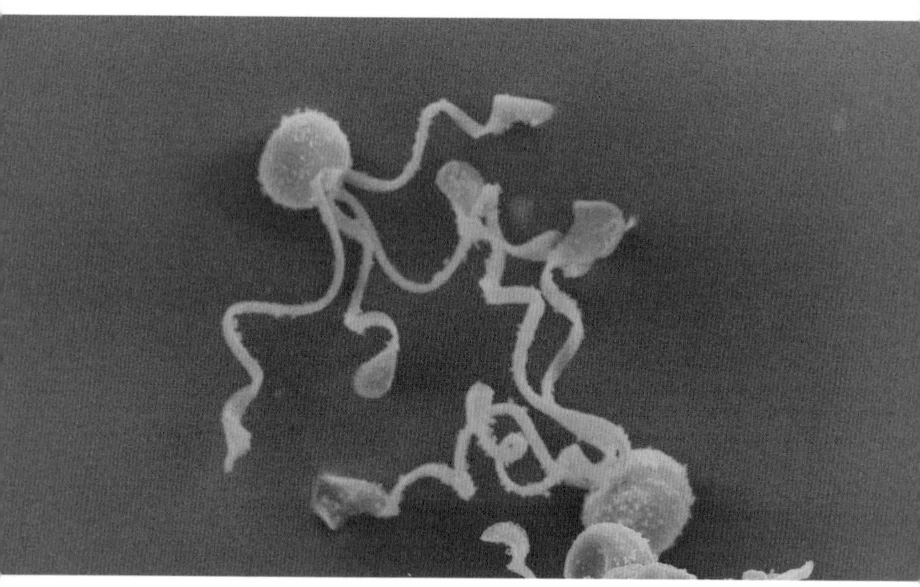

〈탄사가 달린 쇠뜨기의 포자〉

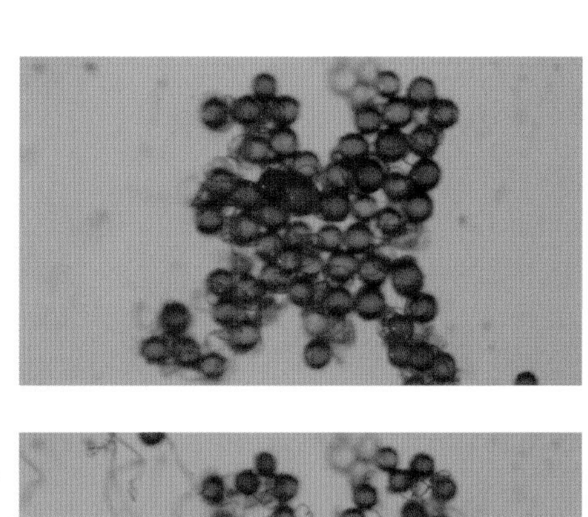

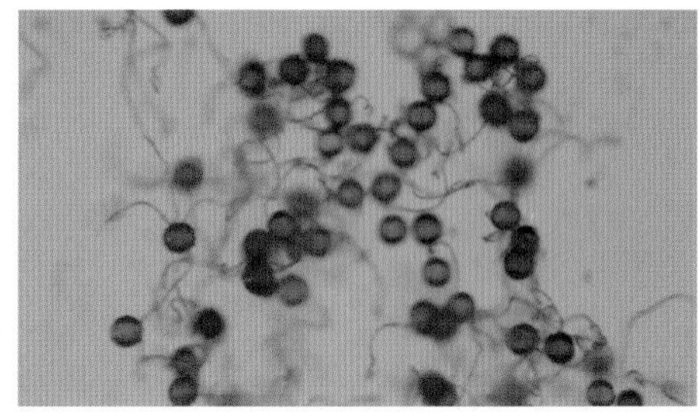

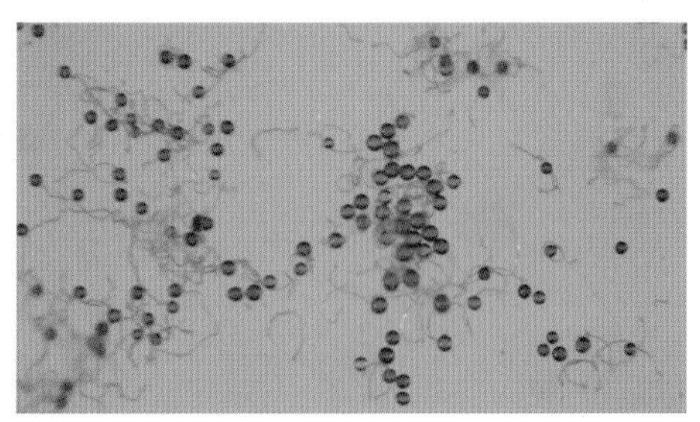

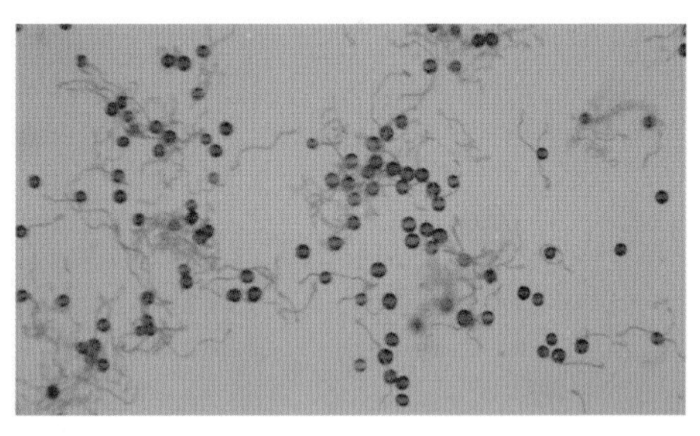

〈간격을 넓히는 포자들〉

평상시 포자에 달린 탄사는 포자의 표면에 감겨 움츠려 있습니다. 하지만 습도가 낮아져 건조해지면 탄사는 움직이기 시작합니다. 탄사가 펼쳐지며 포자 사이의 간격을 넓히죠. 수없이 많은 탄사가 동시에 펼쳐져 포자 뭉치는 연쇄적으로 폭발하듯이 펼쳐집니다. 이렇게 탄사가 포자의 간격을 넓히면 바람을 더 많이 품고 바람을 더 많이 받을 수 있죠.
탄사는 건조해지면 움직이도록 설계되어 있습니다. 비가 올 때를 피하는 것이죠. 비가 오지 않는 건조한 날씨에 포자는 더 안전하게 멀리 퍼져 나갈 수 있습니다. 탄사는 포자의 간격을 넓힐 뿐만 아니라 바람개비 역할도 합니다. 포자가 일단 바람을 받고 퍼져 나가기 시작하면 탄사는 바람에 포자를 회전시키며 더 멀리 날아가게 만드는 것이죠.

〈바람에 퍼지는 쇠뜨기의 포자〉

인간의 눈으로는 볼 수 없는 포자의 숨겨진 노력. 그러나 이 모든 노력도 바람이 불지 않는다면 헛일이 됩니다. 씨앗처럼 영양이 풍부한 포자는 민달팽이의 먹이가 될 뿐이죠. 언제 어디서 불지 모르는 바람. 그래서 어떤 식물은 좀 더 예상 가능하며 또한 믿을 수 있는 일꾼을 찾습니다.

Chapter

07

오직 '방문자'를 위해 준비한 꽃

벌에게만 허락된 꽃가루

토마토

남아메리카의 베네수엘라. 이 식물의 고향은 남미 고산지대로 알려져 있습니다. 그러나 지금은 전 세계로 퍼진 인기 먹거리가 되었죠. 토마토(Solanum lycopersicum)는 17세기 초부터 식용으로 재배되어 왔습니다. 그러나 대량으로 열매를 생산하기까지 어려움이 있었습니다.

토마토의 수술과 암술은 겉에서 보면 잘 보이지 않습니다. 암술은 약간 돌출되었지만 수술은 모두 씨방 속에 숨어 있습니다. 보통 인공 수분을 하려면 수술의 꽃가루를 묻혀 암술에 비벼야 하는데 아예 수술이 보이지 않는 거죠.

사람들은 궁리 끝에 새로운 사실을 알아냅니다. 약 350헤르츠의 진동에 토마토 꽃가루가 쏟아져 나오는 것을 발견한 것이죠.

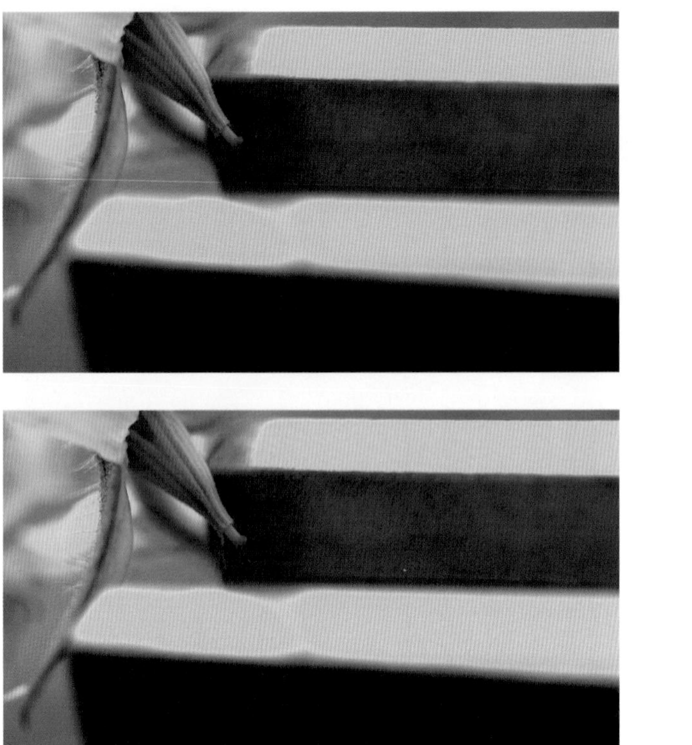

수술은 왜 진동이 일어나야 꽃가루를 배출할까요? 바로 진동을 만들어내는 수분매개자가 있기 때문입니다. 바로 벌이죠. 벌이 '윙윙'거리는 날갯짓을 하며 꽃에 앉는 순간 날갯짓의 진동에 반응해 토마토 꽃가루가 쏟아져 나옵니다. 그리고 꽃가루를 묻힌 벌은 다른 꽃 암술에 꽃가루를 묻혀 수정을 시키는 것이죠.

동물의 정액에 해당하는 꽃가루엔 영양분이 많습니다. 많은 곤충들이 꽃가루를 먹이로 삼고 있죠. 이 꽃가루를 만드는 것 자체가 식물에겐 에너지와 시간이 필요한 일입니다. 식물 입장에서 소중한 꽃가루를 허투루 낭비할 순 없습니다. 그래서 토마토는 자신의 꽃가루를 날라다줄 수 있는 벌에게만 자신의 꽃가루를 내어줍니다. 꽃가루를 금고에 가둬두고 그 금고의 열쇠를 벌에게만 준 셈이죠.

동물이 근친교배를 피하려는 것처럼 식물 역시 자가수정을 피해야 건강한 자식을 낳을 수 있습니다. 그래서 꽃은 자신의 꽃가루를 떨어져 있는 다른 꽃의 암술로 이동시켜야 하죠. 하지만 이동할 수 없는 식물. 그래서 식물은 동물을 이용합니다. 그리고 누군가를 이용하려면 그의 취향을 잘 알아야 하죠.

‘보라색’이 담고 있는 과학적 비밀

큰제비고깔, 모감주나무

사람들은 꽃에 수많은 형용사를 붙입니다. 아름다운 꽃과 못생긴 꽃, 화려한 꽃과 초라한 꽃, 커다란 꽃과 잘 보이지도 않게 작은 꽃 등이 그것이죠. 그러나 이러한 의미부여는 인간의 관점일 뿐입니다. 꽃은 인간이 자신을 어떻게 생각하는지 전혀 관심이 없습니다. 꽃은 인간이 아닌 다른 대상을 유혹하기 때문입니다. 꽃이 왜 그런 형태와 색깔을 가지고 있는지 알려면 꽃이 유혹하는 대상을 살펴보면 됩니다. 자연 상태에서 핀 꽃을 가만히 들여다보고 있으면 누가 그 꽃을 방문하는지 볼 수 있습니다. 그 방문자, 즉 수분매개자를 유혹하기 위해 꽃은 그렇게 생겼습니다. 꽃의 빛깔과 형태에 대한 해답은 그 방문자가 가지고 있는 것이죠. 꽃이 크고 화려하지만 향기가 없다거나 꽃이 초라한데 향기가 그윽한 이유는 방문자의 취향 때문입니다. 꽃은 오직 그를 위해 존재합니다.

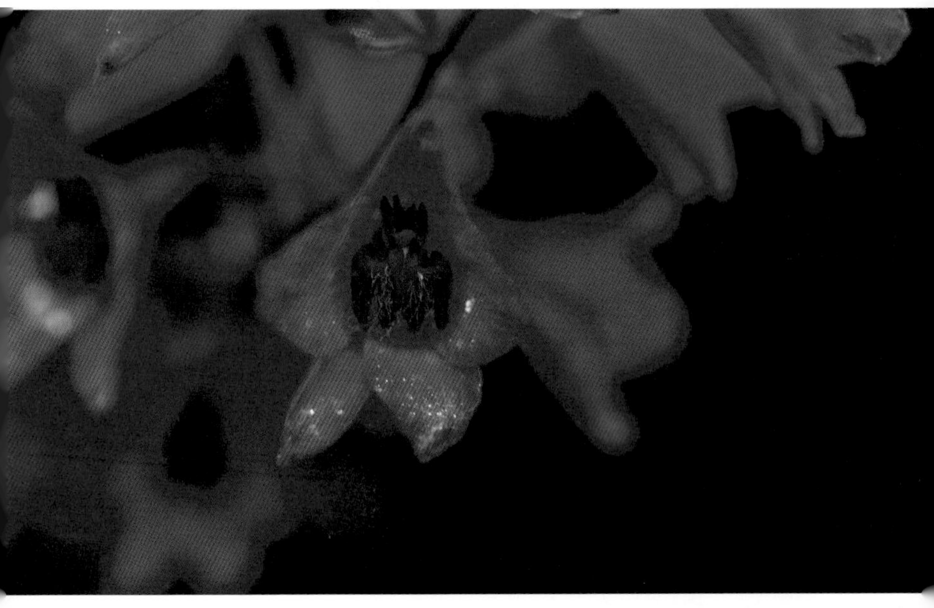

〈큰제비고깔 꽃 자외선 촬영 전후〉

〈모감주나무 꽃 자외선 촬영 전후〉

꽃의 색깔은 유혹의 대상이 좋아하는 색깔입니다. 예를 들어 노란색이나 빨간색은 나비를, 하얀색은 나방을, 보라색은 벌을 유혹하는 꽃일 확률이 높습니다. 또한 나비를 유혹하는 꽃은 꿀이 깊은 곳에 숨겨져 있는데 이는 주둥이가 긴 나비에게만 꿀을 주기 위해서고, 나방을 유혹하는 꽃들은 대개 밋밋한 흰색을 띠고 있는데 이는 야행성인 나방에게 화려한 색깔은 의미가 없기 때문입니다. 대신에 이런 꽃들은 밤에 그윽한 향기를 내 시력이 좋지 않은 나방을 효과적으로 불러들이죠. 이처럼 꽃들에겐 자신이 원하는 대상이 분명히 있으며 그 대상이 좋아하는 형태, 색깔, 향기를 갖게 됩니다.

벌을 유혹하는 꽃들이 대개 보라색을 띠는 이유도 이 때문입니다. 벌은 가시광선 영역의 보라색뿐만 아니라 인간이 볼 수 없는 자외선까지 볼 수 있습니다. 그래서 큰제비고깔(Delphinium maackianum)과 모감주나무(Koelreuteria paniculata) 꽃을 자외선으로 촬영해보면 벌의 눈에 잘 띄기 위해 설계되어 있다는 것을 알 수 있습니다. 또한 벌은 입체나 평면 구조보다 선을 잘 인식하기 때문에 벌을 유혹하는 꽃들에겐 '넥타 가이드(Nectar guide)'라는 선이 있는 경우가 많습니다. 이 넥타 가이드는 착륙할 지점을 안내하는 역할을 합니다. 헬기 착륙장에 있는 'H' 형태의 착륙 유도 표시와 같죠.

벌이 지나는 길이 꽃이 피는 순서

꿀풀

꿀풀(Prunella vulgaris)의 보라색 꽃잎. 역시 벌을 유혹한다는 뜻이죠. 꿀풀은 이름처럼 꿀을 가지고 있을 뿐만 아니라 꽃 피는 순서를 조절합니다. 꿀풀은 하나의 꽃대에 여러 개의 꽃이 달린 꽃입니다. 그리고 꽃들은 보통 동시에 피고 지고를 반복하죠.

그런데 꿀풀은 꽃을 동시에 피우지 않습니다. 순서가 있죠. 아래쪽에서 위로 꽃이 핍니다. 아래쪽 꽃이 지면 위쪽 꽃을 피우는 거죠. 꿀풀은 왜 이런 순서를 두고 꽃을 피울까요?

답은 역시 수분매개자에게 있습니다. 벌은 아래쪽에서부터 위쪽으로 꿀을 찾는 습성이 있습니다. 그래서 아래쪽부터 꽃을 피워 벌이 위쪽에 있는 꽃까지 반드시 거쳐 갈 수 있도록 한 것이죠.

한 꽃대에 여러 꽃이 함께 피는 디기탈리스(Digitalis spp.)나 루피너스(Lupine spp.) 등의 꽃들도 이렇게 아래쪽부터 위쪽으로 꽃을 피웁니다. 벌을 더 오랫동안 꽃에 머무르게 해 수정이 될 수 있는 시간을 늘려보려는 거죠.

탈출구로 유도하는 영리한 함정

광릉요강꽃

〈다양한 형태와 색깔의 난 꽃〉

꿀풀처럼 모든 꽃이 벌에게 꿀과 같은 대가를 지불하진 않습니다. 난 종류는 곤충을 속이기도 하죠. 난은 꽃을 피우는 식물의 15퍼센트를 차지합니다. 우리가 뭉뚱그려 난이라고 부르는 종은 그만큼 방대한 종이며 그만큼 성공적으로 진화한 식물이라고 볼 수 있습니다. 이러한 난의 성공 열쇠 중 하나는 바로 꽃입니다.

앞서 말했듯 대부분의 꽃은 자기가 원하는 수분매개자를 정해놓습니다. 그런데 꿀풀에 오는 벌이 꿀풀 외에 다른 종류 꽃들의 꽃가루를 묻히고 다닌다면 꿀풀의 수정은 어려워집니다. 그래서 꽃들은 자신만의 꽃가루만 날라줄 '전담자'를 원합니다. 확실하게 자신의 꽃가루만 나르는 수분매개자가 있다면 수정 확률이 높아지기 때문입니다.

〈중앙의 노란 덮개 안에 숨겨져 있는 난 꽃가루〉

그래서 난은 한 종의 수분매개자만 유혹합니다. 난 꽃의 모양, 형태, 향기가 매우 독특한 것은 바로 그 때문입니다. 하나의 수분매개자 마음에 들기 위해 철저하게 그 수분매개자 취향에 맞춘 거죠. 반면에 위험 부담은 매우 커집니다. 만약 그 수분매개자가 오지 않으면 수정이 안 될뿐더러 그 수분매개자가 멸종이라도 한다면 그 식물 역시 멸종될 수밖에 없습니다.

난이 왜 이렇게 위험한 전략을 쓰는지에 대해선 확실히 밝혀지지 않았지만 난의 자생지를 살펴보면 그 이유를 추측해볼 순 있습니다. 대부분의 난은 열대지역에서 자랍니다. 열대지역은 다른 어떤 지역보다 다양한 종이 살고 있는 지역입니다. 그래서 경쟁이 치열하죠. 경쟁이 치열한 곳에서 살아남으려면 확실한 '계약관계'가 유리합니다. 수많은 종의 파리 모두를 유혹하는 것보다 단 한 종의 파리를 확실하게 유혹하는 것이 수정 확률을 더 높일 수 있는 거죠.

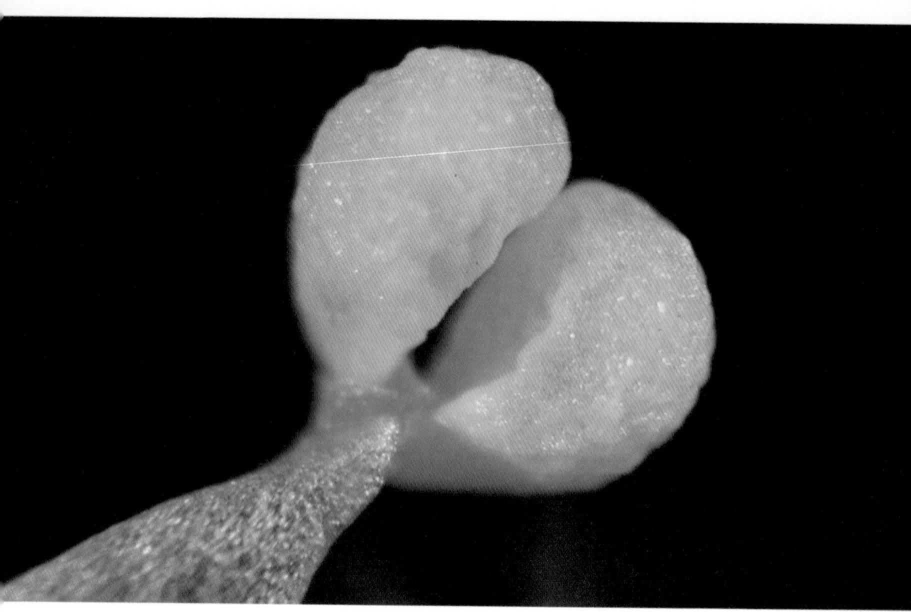

〈난 꽃가루 뭉치〉

그래서 난의 꽃가루 역시 다른 꽃들과는 다릅니다. 꽃가루들이 낱개로 흩날리지 않고 한 덩이로 뭉쳐 있습니다. '단 한 번의 기회'를 노리는 것이죠. 이 한 번의 확실한 기회를 잡기 위해 난 꽃은 그 어떤 꽃들과도 다른 전략을 개발합니다. 난은 수분매개자를 속이거나 우롱하기도 합니다.

우리나라에도 이렇게 독특한 난이 있습니다. 광릉요강꽃(Cypripedium japonicum)은 한국, 중국, 일본에서 자생하는 동아시아 특산종이자 국내 멸종 위기 1급 식물입니다. 매년 5월이 되면 요강 혹은 항아리처럼 생긴 볼록한 꽃잎을 가진 꽃이 피어납니다.

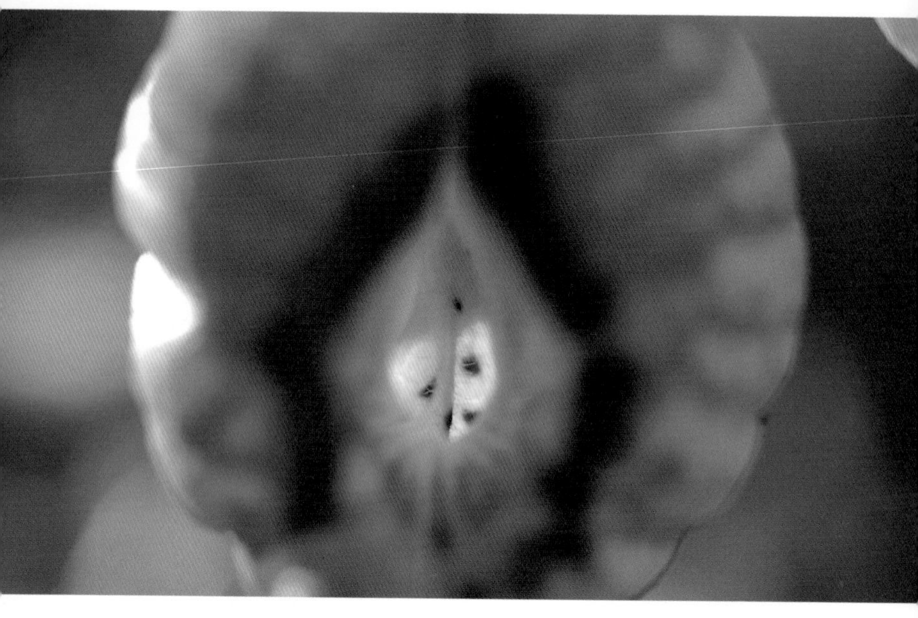

꽃 중심엔 구멍이 뚫려 있습니다. 그 구멍을 통해 안을 들여다보면 구멍 맞은 편에 꽃가루처럼 보이는 노란 반점이 있습니다.

꽃 위쪽엔 또 다른 구멍이 양 옆으로 두 개가 나 있는데 이 구멍 옆에 진짜 광릉요강꽃의 꽃가루가 있습니다.

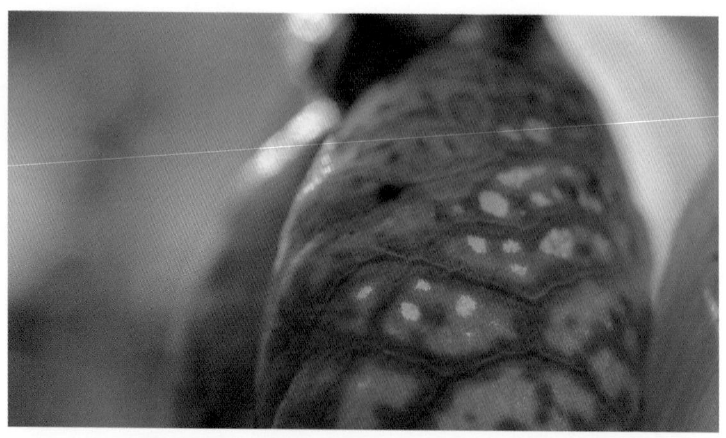

눈여겨봐야 할 것은 꽃잎 옆 부분에 반점처럼 나 있는 여러 개의 투명창. 이 부위는 빛을 투과할 수 있습니다.

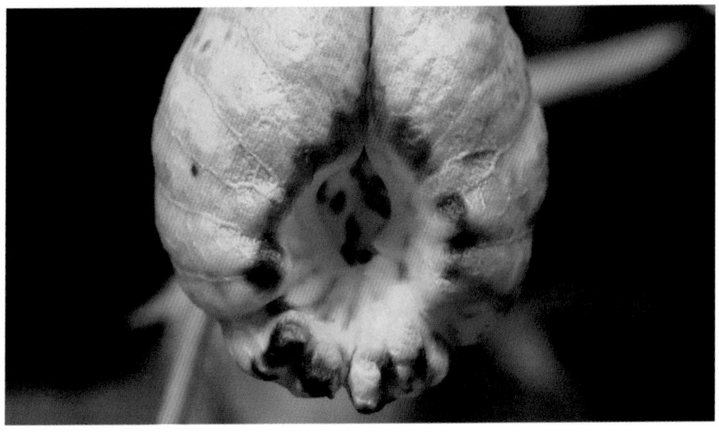

〈자외선 촬영시 보이는 보라색 원〉

먼저 벌이 꽃으로 다가오면 꽃은 벌을 입구로 안내합니다. 벌이 잘 볼 수 있는 보라색 원. 이곳이 입구라고 벌에게 알려주는 것이죠.

벌이 입구에 착지하면 구멍 안쪽을 보게 됩니다. 벌은 꿀뿐만 아니라 꽃가루도 먹는데 이곳에 꽃가루처럼 보이는 노란 반점을 발견하죠. 벌은 꽃가루를 가지러 의심 없이 들어갑니다.

입구는 들어갈수록 좁아집니다. 물고기를 잡을 때 쓰는 어항처럼 들어갈 수는 있어도 되돌아 나올 수 없는 구조. 꽃가루도 가짜죠. 벌은 함정에 갇혔다는 것을 깨닫고 공황 상태에 빠집니다. 어떻게든 탈출하려고 꽃잎 속에서 발버둥을 칩니다.

이때 꽃은 구원의 빛을 선사합니다. 꽃잎 옆에 난 투명한 창으로 빛이 들어오는 것이죠. 벌은 빛을 향하는 습성이 있습니다. 벌은 빛이 많이 들어오는 위쪽이 출구라고 생각하게 됩니다.

〈빛이 들어오는 광릉요강꽃 내부〉

또한 꽃은 잎 안쪽에 짧은 털을 만들어 두었는데 이 역시 출구 쪽으로 갈수록 많아집니다. 당황한 벌에게 이 털을 사다리처럼 짚고 올라가란 뜻이죠.

벌은 입구와는 다르게 좁은 출구를 비집고 빠져나가게 됩니다. 그런데 꽃의 친절함은 이게 다가 아닙니다. 꽃잎 바깥에도 벌이 잡을 수 있는 털을 만들어 둔 것이죠.

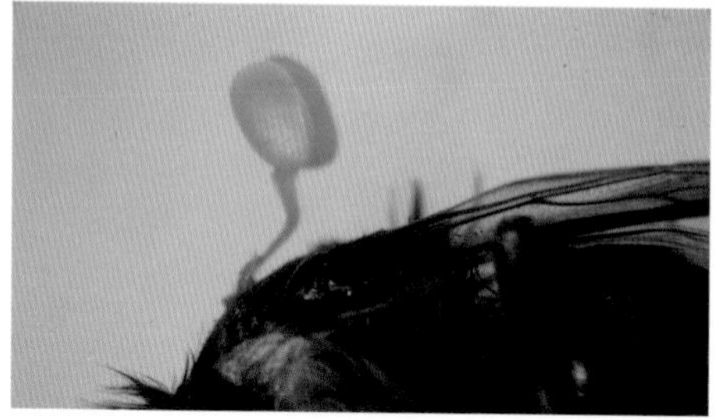

뒷발로는 꽃 속의 털을 디디고 앞발로는 꽃 바깥의 털을 잡고 좁은 출구에서 버둥거릴 때 벌은 진짜 꽃가루를 묻히게 됩니다. 이것이 좁은 출구 옆에 진짜 꽃가루를 배치한 이유죠. 벌을 함정에 가둬 혼란스럽게 한 뒤 정신없는 틈을 타 목적을 달성하는 광릉요강꽃. 그러나 이게 끝이 아닙니다.

벌의 등에 붙은 꽃가루가 스스로 움직이기 시작합니다. 난의 꽃가루는 수분 매개자의 몸에 잘 붙게 하는 흡착판을 가지고 있으며 꽃가루 덩이 사이에 관절을 가지고 있습니다. 이 관절은 꽃가루가 수술 밖으로 떨어지면 구부러지도록 설계되어 있습니다. 덕분에 꽃가루 덩이는 벌의 몸에 밀착돼 쉽게 떨어지지 않습니다. 게다가 벌이 다른 광릉요강꽃 암술에 갔을 때 꽃가루가 암술에 잘 붙을 수 있도록 각도를 조절하는 것이죠.

이처럼 광릉요강꽃은 최종 성공까지 예측을 하고 대비를 합니다. 그런데 최초에 광릉요강꽃이 벌을 함정에 가둘 수 있었던 것은 벌의 식욕 때문이었습니다. 그렇다면 벌은 먹는 것 말고 어떤 욕구를 가지고 있을까요?

한 마리 벌을 위한 ‘수면 캡슐’

용담꽃

땅바닥 여기저기에 구멍이 뚫려 있습니다. 지금은 왜코벌(Bembix niponica Smith)의 번식기로 왜코벌은 묵묵히 정성을 들이면서 집을 짓고 있는 중입니다. 그런데 이 집은 땅을 파고 있는 왜코벌 자신을 위한 게 아닙니다.

왜코벌은 메뚜기나 여치 등을 사냥해 구멍 속에 넣고 그곳에 알을 낳습니다. 알에서 깨어난 유충이 먹을 먹이를 미리 넣어두는 거죠. 왜코벌은 이렇게 자식을 위한 집을 지을 뿐, 자신이 살 집을 짓지는 않습니다. 꿀벌처럼 집을 짓고 집단생활을 하는 벌들이 있는가 하면 왜코벌처럼 단독생활을 하면서 혼자 사는 벌들도 있는 거죠. 그렇다면 단독생활을 하는 벌들은 어디에서 잠을 잘까요?

보랏빛의 꽃잎을 가진 용담(Gentiana scabra) 꽃. 역시 벌을 유혹합니다. 용담 꽃은 9월부터 10월 사이에 핍니다. 가을의 국화를 제외한다면 우리나라에서는 상당히 늦게 피는 꽃이라고 할 수 있습니다. 이때는 아침저녁으로 일교차가 클 때죠.

한낮엔 곤충들이 찾아옵니다. 주둥이가 긴 박각시나방(Agrius convolvuli). 정지 비행을 하며 꿀을 먹기 때문에 간혹 벌새로 오인받기도 하는 곤충이죠. 이렇게 주둥이가 발달한 곤충들이 주로 용담 꽃의 꿀을 먹습니다. 용담 꽃의 깊이가 5센티미터 정도로 꽤 깊기 때문입니다.

해 질 녘, 기온이 떨어지면 용담 꽃은 꽃봉오리를 닫습니다. 꽃들은 수분매개자가 활동할 때만 꽃봉오리를 엽니다. 낮에 활동하는 수분매개자면 낮에 꽃을 피우고 밤에 활동하는 수분매개자면 밤에 꽃을 피우죠. 수정이 되지 않을 시간에는 꽃봉오리를 닫아 암술과 수술을 보호하고 수분매개자를 유혹할 꿀을 비축합니다. 꽃봉오리가 닫힌다는 것은 곧 마감 시간이란 뜻이죠.

그런데 좀처럼 용담 꽃을 떠나지 않는 벌이 있습니다. 좀뒤영벌입니다. 벌은 닫히는 꽃을 떠나지 않습니다. 오히려 닫히는 꽃 속으로 들어갑니다. 그리고 곧 용담 꽃은 완전히 닫힙니다.

용담 꽃 위로 밤이 찾아옵니다. 벌 역시 체온이 떨어지면 죽습니다. 좀뒤영벌은 단독생활을 하는 벌이어서 따로 집을 짓고 살지 않습니다. 그리고 용담 꽃의 깊이는 좀뒤영벌의 크기와 꼭 맞죠. 용담 꽃은 벌의 수면욕을 이용해 목적을 달성하려는 거죠.

밤사이 뒤척였는지 벌의 몸엔 꽃가루가 잔뜩 묻어 있습니다. 벌은 일어나자마자 날갯짓을 하며 준비운동을 합니다. 체온이 올라야 활동을 시작할 수 있기 때문이죠. 기지개를 켠 벌은 곧 다른 꿀이 있는 다른 용담 꽃으로 이동할 것입니다. 그때 용담 꽃의 수정이 이뤄지고 결국 벌은 숙박비를 치른 셈이 됩니다. 식욕과 수면욕을 이용해 짝짓기를 하는 꽃. 꽃이 이용하는 욕구는 하나 더 있습니다.

페로몬까지 뿜는 위장의 신

해머오키드

10월 초, 오스트레일리아 남서부. 해마다 이맘때가 되면 뭔가가 땅속에서 나옵니다. 이 곤충은 생애 처음으로 세상에 나오는 중이죠.

이 곤충은 타이니드말벌(Zaspilothynnus trilobatus) 암컷입니다. 이 암컷 벌은 특이하게 날개가 없습니다. 그리고 땅속에서 나온 직후라 아무것도 먹지 못한 상태죠. 암벌은 땅에서 나오자마자 어디론가 기어갑니다. 배고픔을 해소하고 또 다른 목적을 달성하기 위해 이 암벌은 가야 합니다.

여정은 만만치 않습니다. 암벌은 순찰 나온 불독개미(Myrmecia sp.)에게 쉽게 당합니다. 배고픔에 천적까지 만났습니다. 만약 이 암벌에게 날개가 있었다면 개미를 피할 수 있었을지도 모릅니다. 암벌은 그래서 지체 없이 목표를 향해 갑니다.

목표는 높이 20센티미터가량의 풀. 이 풀 꼭대기까지 무사히 가게 되면 모든 것이 해결됩니다. 꼭대기에 도착하자마자 암벌은 오는 길에 묻었던 흙을 털며 몸을 가다듬습니다. 그리고 페로몬(Pheromone, 동물 개체 사이에서 신호 전달을 위하여 이용되는 극소량의 화학물질)을 발산하죠.

페로몬을 맡고 도착한 수벌은 암벌을 껴안고 날아갑니다. 지금은 타이니드 말벌의 짝짓기 시기입니다.

타이니드말벌은 수컷만 날개가 있습니다. 흙 속에 있는 알에서 태어난 암벌은 수컷을 부를 수 있는 높이의 풀 위로 올라가 수컷을 부르는 페로몬을 발산합니다. 수벌은 이 페로몬을 맡고 암컷을 안고 날아다니면서 꿀을 먹입니다.

꿀을 먹이면서 짝짓기를 하죠. 그런 뒤 수정이 된 암벌을 다시 태어난 곳 근처로 데려다줍니다. 날개 없는 암컷에 대한 배려일까요. 그리고 암컷은 다시 흙 속으로 들어가 산란을 하게 됩니다.

이 사랑의 시기에, 이 사랑의 장소에 수상한 꽃이 핍니다. 이 꽃의 이름은 해머오키드(Drakaea glyptodon). 꽃의 높이는 약 20센티미터로 암벌이 올라가던 풀 높이와 같습니다. 게다가 꽃잎은 날개 없는 타이니드말벌 암벌의 모양과 똑같습니다. 크기도 비슷한 데다 입체적이기까지 합니다. 이 꽃잎 맞은편엔 수술과 암술이 있죠. 타이니드말벌 암벌과 너무나도 흡사한 꽃잎 덕분에 꽃이 피자마자 타이니드말벌 수벌은 곧바로 꽃잎에 달려듭니다.

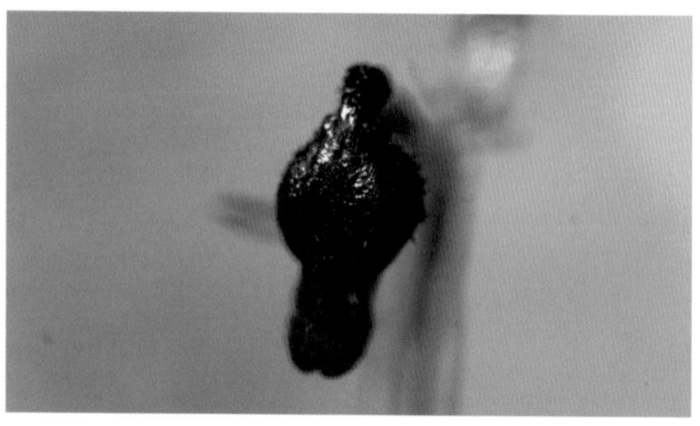

짝짓기를 하려고 가짜 암벌을 들고 날아가려 하지만 가짜 꽃잎은 꽃에 단단히 고정되어 있습니다. 그리고 이 가짜 꽃잎의 중간에는 관절이 있습니다. 수벌이 꽃잎을 들고 날아가려고 하면 꽃가루가 있는 수술 쪽으로 꺾이게 되죠.
게다가 해머오키드 꽃은 타이니드말벌 암벌과 똑같은 페로몬을 발산합니다. 하지만 강도는 암벌의 그것보다 10배나 강하여 수컷들은 광분상태가 됩니다. 짝짓기를 위해 많은 수컷들이 몰려들어 혈투를 벌이죠. 그러나 싸움의 승자도 짝짓기를 하지 못합니다. 가짜에 놀아났을 뿐이죠. 오히려 끈적거리는 꽃가루를 떼어내려고 발버둥 치게 되죠. 하지만 꽃가루는 쉽게 떨어지지 않죠.

성욕에 눈이 먼 수컷은 정신을 못 차립니다. 다시 또 다른 해머오키드 꽃으로 날아갑니다. 한번 속았지만 또 속는 것이죠. 결국 꽃가루는 다른 꽃 암술에 붙어 수정이 됩니다.

〈꽃가루를 붙이고 떨어진 수컷〉

벌의 성욕을 이용해 자신의 성욕을 해결하는 해머오키드. 어떤 난 꽃의 경우 수정이 될 때까지 한 달 이상을 피기도 합니다. 그러나 해머오키드는 일 년 중 단 열흘 정도만 핍니다. 타이니드 암벌이 땅속에서 나오는 시기죠. 단 며칠 만에 모든 해머오키드 꽃의 수정은 완료됩니다. 대부분 꽃이 피자마자 수분이 완료될 정도죠. 이 시기 수컷 말벌이 성욕에 미쳐 있다는 것을 해머오키드는 누구보다 잘 알고 있기 때문입니다.

〈꽃가루를 등에 붙힌 채 다른 꽃으로 간 수컷〉

Chapter

08

누구를 위한 꿀인가

꿀을 향한 쟁탈전

그레빌리아

벌들이 많이 몰리는 그레빌리아(Grevillea eriostachya) 꽃. 때로 식물은 벌보다 큰 동물을 이용해 수정하기도 합니다. 호주 그레빌리아는 꿀이 많이 나오는 꽃으로 유명합니다. 그러나 벌들은 그레빌리아의 꿀을 쉽게 먹지 못합니다.

꿀이 꽃 속 깊이 숨겨져 있어 벌은 꿀을 먹기 힘듭니다. 주둥이가 길고 혀가 발달한 동물이 이 꽃의 꿀을 먹을 수 있습니다. 바로 꿀빨이새(Phylidonyris niger)죠.

〈그레빌리아 꽃에 붙어 있는 벌을 떼내는 꿀빨이새〉

꿀빨이새가 꽃에 붙어 있는 벌을 쳐다봅니다. 그러더니 벌을 그냥 집어 던집니다. 사실 조류는 벌을 비롯해 곤충을 즐겨 먹습니다. 풍부한 단백질을 가진 먹이이기 때문입니다. 그러나 꿀빨이새에게 벌은 그냥 성가신 존재. 그레빌리아의 꿀이 무척 풍부하기 때문입니다.

새는 벌에 비해서 덩치가 크죠. 덩치가 크다는 것은 그만큼 많은 열량을 소모한다는 뜻입니다. 덩치가 큰 새가 배불리 먹을 만큼의 꿀. 이것이 조류(鳥類)를 수분매개자로 삼는 꽃, 조매화(鳥媒花)의 기본조건입니다.

쉽게 볼 수 있게, 편하게 앉을 수 있게

진저플라워

조매화는 새의 움직임도 읽을 줄 알아야 합니다. 보통의 꽃들은 식물의 가장 높은 곳, 혹은 가장 바깥쪽에서 핍니다. 외부에서 가장 잘 보이는 곳에 위치해 수분매개자들 눈에 쉽게 띄기 위해서죠. 그런데 진저플라워(Etlingera hemisphaerica) 꽃은 지상 50센티미터 정도의 높지 않은 곳에 꽃이 피는 탓에 수풀에 가려 외부에서 잘 보이지 않습니다. 그러나 이 높이를 선호하는 수분매개자가 있죠. 바로 관목 숲을 좋아하는 새입니다. 육식성 대형 조류를 제외한 대부분의 새들은 탁 트인 곳을 좋아하지 않습니다. 사방이 개방된 곳에선 천적들의 눈에 띄기 쉽기 때문입니다. 게다가 낮은 관목이나 수풀 사이에서 먹이를 구하는 새라면 더더욱 낮게 날아다니는 것을 선호합니다. 진저플라워는 이렇게 숲 바닥에서 날아다니는 새의 눈높이에서 꽃을 피우죠.

이 꽃에도 꿀은 풍부합니다. 또한 새가 안정적으로 착지할 수 있는 공간을 가지고 있으며 꽃대 역시 새가 앉아도 충분할 정도의 강도를 가지고 있습니다.

또한 새의 혀가 간신히 닿을 수 있는 위치에 꿀을 숨겨 놓았습니다. 새가 꿀을 먹기 위해 고개를 숙였을 때 꽃가루를 머리에 묻히게 한 거죠. 하지만 조매화의 가장 중요한 조건은 새의 눈에 잘 띄는 데 있습니다.

닮는 것은 최고의 유혹술

극락조화

〈물을 먹으러 온 오색앵무(Trichoglossus moluccanus)〉

영양 상태가 좋은 조류는 화려하고 선명한 깃털을 가지고 있습니다. 깃털이 선명하다는 것은 사교적이며 짝짓기에 성공할 확률도 높다는 것을 의미합니다. 조류는 어떤 동물보다도 색상에 민감하기 때문이죠. 그래서 조매화는 새가 좋아하는 색깔, 특히 붉은색을 띠는 경우가 많습니다.

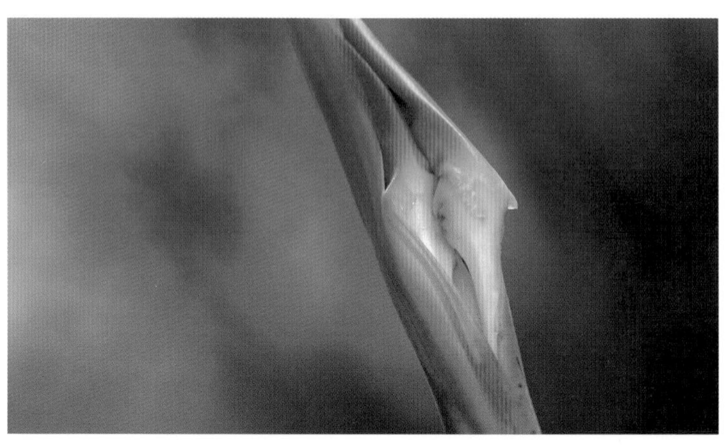

이 꽃의 이름은 극락조화(Strelitzia reginae). '극락조'는 새 이름입니다.

이 꽃은 수컷 대극락조(Paradisaea apoda)의 색깔뿐만 아니라 날개를 펼치고 있는 모습까지 닮아 있습니다. 사실 '천국의 새(Birds of paradise)'라고 알려진 극락조는 지구상에서 파푸아뉴기니 섬에만 삽니다. 반면 극락조화의 고향은 남아프리카 지역. 즉 극락조화와 극락조가 한 장소에서 사는 건 아닙니다. 그러나 수컷 극락조의 견줄 데 없는 깃털의 형태와 색깔은 암컷 극락조를 유혹하기 위해 진화한 것이며 극락조화 역시 새들을 유혹하는 방향으로 진화하다 보니 비슷한 형태와 색깔을 가지게 되었을 거라고 추측해볼 순 있습니다.

〈극락조화와 대극락조〉

극락조화는 새를 유혹하기 위해 편의시설도 갖추어 놓았습니다. 꽃의 중심엔 꿀이 넘치게 있을 뿐만 아니라 새가 앉기 쉽게 횃대도 갖추고 있습니다.

덕분에 공중에 정지해서 꿀을 먹을 수 있는 에메랄드등벌새(Amazilia tobaci)도 이 횃대에 앉아서 편히 꿀을 먹을 수 있습니다. 새가 꿀을 먹으면서 꿀 근처에 있는 꽃가루를 묻혀 다른 꽃으로 옮기게 됩니다. 새가 만족할 먹이를 준비하고 새의 동선을 읽으며 새를 닮는 것, 이것이 조매화가 새를 유혹하는 방법입니다.

Chapter

09

파리가 바라는 모든 것을 담다

‘전담’ 파리를 찾는 꽃

벨버필름 비레신스

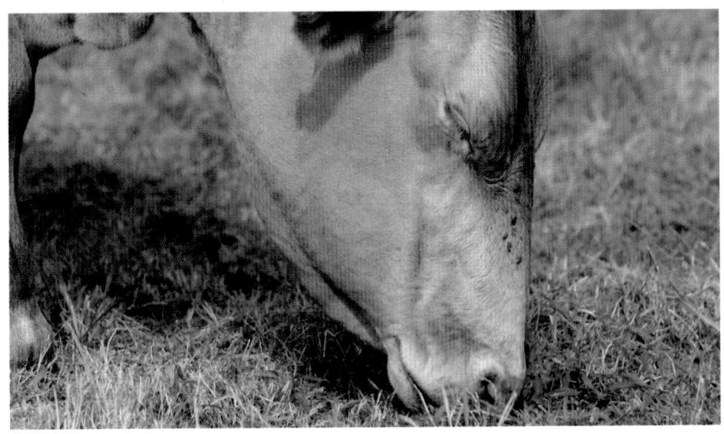

소들은 풀을 찾아 움직입니다. 그러나 소들을 움직이게 하는 또 다른 존재도 있죠. 500킬로그램에 육박하는 소를 끊임없이 움직이게 하는 것, 바로 5그램도 안 되는 파리입니다.

곁에 파리가 없는 배설물은 상상하기 힘들죠. 소가 배설을 하면 가장 먼저 파리가 몰려듭니다. 가장 빨리 온다는 것은 그만큼 예민한 후각을 가지고 있다는 뜻이죠. 게다가 파리는 초당 600회의 날갯짓을 합니다. 빠른 속도로 날 수 있고 순간적인 방향 전환도 가능하죠. 파리는 소에겐 버거운 존재입니다. 소의 유일한 방어수단은 꼬리. 다른 동물들에겐 균형을 잡거나 방향 전환용으로 쓰이는 꼬리가 소에겐 파리채입니다. 실제로 해충이 많은 지역에 사는 소일수록 꼬리는 길어집니다.

끈질기고 집요한 파리. 소의 입장에선 귀찮고 하찮은 존재일 수 있지만 식물의 입장에선 그렇지 않습니다. 파리는 꽃이 탐낼 만한 재능과 능력을 갖추고 있죠. 끈질기고 집요하게 꽃가루를 옮겨줄 수 있는 존재이기 때문입니다. 전 세계 파리는 약 1만 5천 종. 종수로만 따진다면 곤충의 15퍼센트, 생물의 9퍼센트가 파리입니다. 많은 종수만큼 다양한 곳에 존재하며, 벌과 새가 살지 않는 곳에 파리가 살고 있는 경우도 많습니다. 그러나 파리를 수분매개자로 쓰는 것은 쉽지 않습니다. 워낙 재빠르기 때문이죠.

이 난은 말레이시아에 살고 있습니다. 난 꽃은 3장의 꽃받침과 3장의 꽃잎으로 이뤄져 있습니다. 꽃의 뒤쪽에 3장의 꽃받침이 있고 꽃의 앞쪽에 3장의 꽃잎이 있습니다. 난 꽃은 3장의 꽃잎 중에 한 장의 꽃잎이 독특한 형태를 띠고 있는 경우가 많습니다. 그래서 이 꽃잎에는 따로 이름이 붙어 있습니다. 바로 입술꽃잎(Lip or Labellum)입니다. 난 꽃이 특이한 인상을 주는 가장 큰 이유는 바로 이 입술꽃잎 때문입니다. 앞서 나왔던 광릉요강꽃의 함정이 바로 이 입술꽃입이며 지금 소개할 벌버필름 비레신스(Bulbophyllum virescens) 역시 독특한 입술꽃잎을 가지고 있죠. 이 꽃잎은 어떤 역할을 할까요?

〈회전하는 입술꽃잎과 그 속에 갇히는 파리〉

이 난은 파리가 좋아하는 냄새를 풍깁니다. 이 냄새를 맡고 파리가 착지하면 꽃은 기계처럼 움직입니다. 정확히 말하면 입술꽃잎이 회전하는 거죠.
꽃잎은 덫입니다. 파리를 가두는 덫이죠. 입술꽃잎은 평퍼짐해서 파리가 앉기 좋은 착륙장이기도 하지만 세밀하게 평형을 맞춰둔 시소이기도 합니다. 입술꽃잎에 앉은 파리가 좋아하는 냄새가 나는 안쪽으로 무게중심을 옮기면 시소의 균형이 깨지고 입술꽃잎이 기울면서 파리를 가두게 됩니다. 재밌는 점은 이 덫이 정해진 몸무게와 크기에만 반응하도록 설계되었다는 점입니다. 다른 곤충, 심지어 크기와 무게가 다른 작은 파리는 이 덫에 걸리지 않습니다. 이 난 꽃 역시 딱 한 종의 파리만 고릅니다. 자신의 꽃가루만 날라줄, 전담 파리를 찾는 것이죠.

〈등에 꽃가루를 묻히는 파리〉

버섯의 인기를 가로챈 비결

원숭이난

1만 종이 넘는 파리는 그 종수만큼 다양한 취향을 가지고 있으며 그만큼 여러 가지 먹이를 먹습니다. 생선을 좋아하는 파리, 과일을 좋아하는 파리, 배설물을 좋아하는 파리 정도가 아니라 생선이나 고기가 썩는 부위에 따라, 과일의 종류에 따라, 배설물 부패 정도에 따라 모여드는 파리는 달라집니다. 다양한 식성을 가진 파리, 버섯 역시 파리가 좋아하는 먹이입니다.

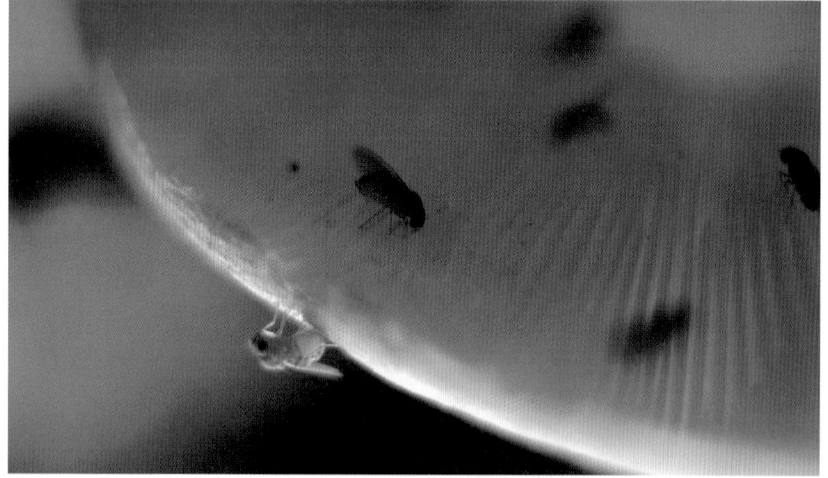

〈버섯을 닮은 원숭이난 꽃잎〉

그리고 한 꽃이 오랜 시간 이 광경을 지켜봤습니다. 꽃 핀 모습이 원숭이를 닮았다 하여 원숭이난(Dracula cordobae)이라 불리기도 하지만 사실 이 난은 버섯을 닮기도 했습니다. 바로 버섯 형태의 꽃잎을 만드는 거죠.

이 난은 버섯인 것처럼 위장해 파리를 속입니다. 버섯이 된 꽃. 버섯의 주름뿐만 아니라 버섯의 향까지 똑같이 흉내 내죠. 하지만 대부분의 파리가 가장 좋아하는 것은 따로 있습니다. 바로 사체입니다.

지구에서 가장 큰 꽃

라플레시아

사체엔 먹이가 풍부해 암수를 가리지 않고 많은 파리들이 모입니다. 파리는 이곳에서 밥도 먹고 짝짓기도 하며 알도 낳습니다. 식욕, 성욕, 번식욕을 모두 사체에서 해결하는 파리. 파리가 바라는 모든 것이 사체에 있습니다. 그래서 파리를 탐내는 식물은 사체를 따라 합니다.

열대우림인 인도네시아 수마트라 섬. 이곳에 단일화서(한 쌍의 암술과 수술로만 이뤄진 꽃)로는 세계에서 가장 큰 꽃이 있습니다. 덩굴 식물에 기생하는 라플레시아(Rafflesia arnoldii). 잎도 줄기도 없는 이 식물도 번식을 위해 꽃을 만듭니다. 크기가 약 1미터에 달하는 거대한 꽃은 파리를 유혹하기 위해 사체의 썩은 속살을 흉내 냅니다. 사체를 모방한 꽃은 건조한 지역에서도 살고 있죠.

악취를 담고 있는 풍선

스타펠리아

스타펠리아(Stapelia ledinii)가 사는 아프리카의 건조한 지역엔 벌이 드뭅니다. 지속적으로 꽃을 피우는 식물이 적기 때문입니다. 그러나 건조한 지역에도 파리는 존재하죠. 그래서 스타펠리아는 파리를 부르기 위해 핏빛의 검붉은 꽃을 피웁니다. 스타펠리아는 여기에 디테일까지 신경 썼습니다.

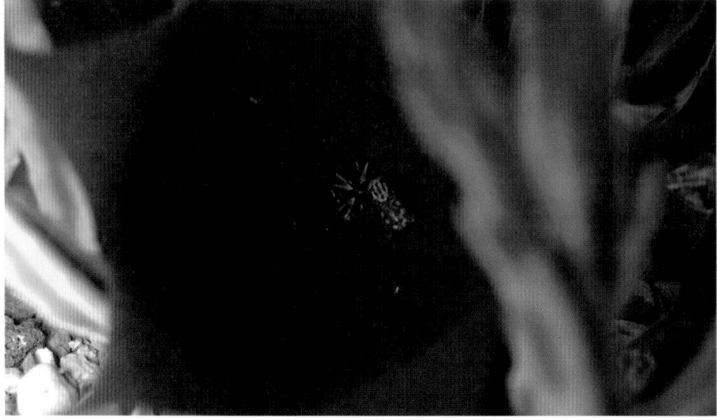

꽃 속엔 동물 사체를 따라한 털까지 나 있죠. 그리고 이 꽃에선 인상을 찌푸릴 정도의 썩은 냄새가 납니다. 하지만 인간에게나 악취일 뿐 파리에겐 향기가 되죠.

수많은 꽃들이 다양한 궁리를 하면서 파리를 유혹하려 합니다. 파리를 유혹하기 위해 치열한 경쟁이 벌어지는 것이죠. 경쟁에서 살아남는 법. 그것은 남이 가지 않은 길을 가는 것입니다.

7년에 한 번 피는 꽃

시체꽃

인도네시아 수마트라 섬. 지금 이곳엔 높이 3미터의 꽃대가 있습니다. 바로 시체꽃(Amorphophallus titanum)입니다. 7년 전 이 꽃대는 평범했습니다. 5장의 잎을 가진, 높이 30센티미터 정도의 묘목이었죠. 하지만 해가 갈수록 잎의 개수는 늘어나고 나무는 5미터까지 자랐습니다.

〈시체꽃의 성장 모습〉

〈시체꽃 알뿌리의 성장 모습〉

그렇게 커가면서 모은 양분을 알뿌리에 저장했습니다. 알뿌리가 다 성장한 뒤 나무 부분은 쓰러졌고 쓰러진 자리엔 알뿌리만 남았죠. 7년 동안 모은 양분이 이 알뿌리 속에 있습니다. 알뿌리의 직경은 약 1미터. 무게는 100킬로그램에 달하죠. 이 식물은 왜 7년 동안 영양분을 축적했을까요? 약 4달의 휴면기 뒤에 그 이유가 드러납니다.

높이 3미터 폭 1.5미터로 지구에서 가장 큰 꽃. 7년 동안 영양분을 모은 이유입니다. 암술과 수술이 한 쌍씩 있는 단일화서로는 라플레시아가 가장 크지만 암술과 수술이 두 쌍 이상으로 이뤄진 복합화서를 포함시키면 시체꽃이 지구상에서 가장 큰 꽃이 됩니다.

그런데 이 거대한 꽃이 유혹하는 것도 작은 파리입니다. 꽃 아래쪽의 수술대로 파리를 불러모으기 위해 이름 그대로 시체 냄새를 풍기죠.

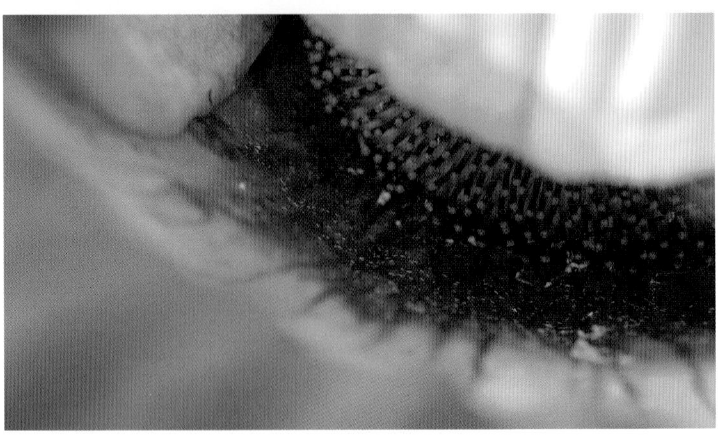

악취의 강도는 꽃의 크기에 비례합니다. 숨이 멎을 정도죠. 그리고 이때 꽃은 인간의 체온과 비슷한 36도 정도의 열을 발산합니다.

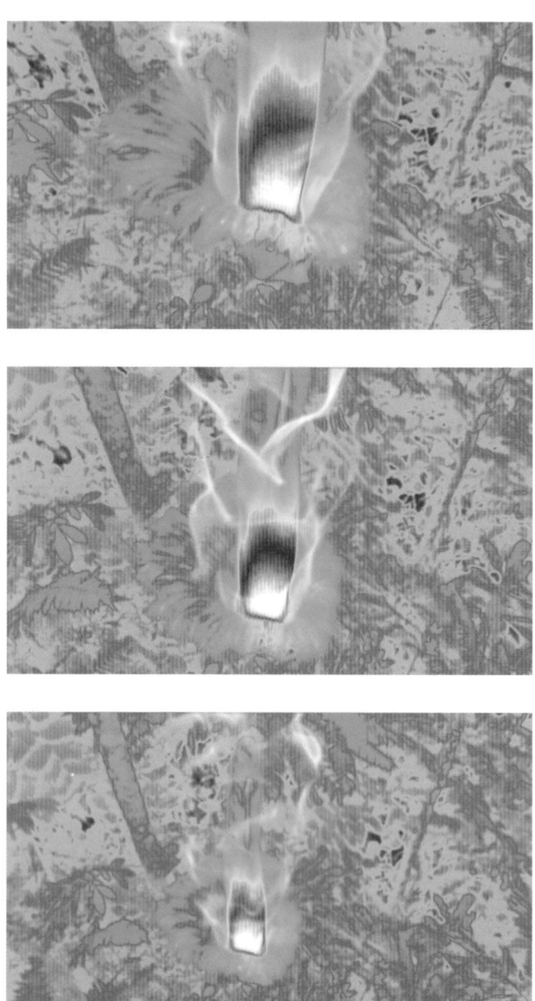

열은 낮은 곳에서 높은 곳으로 퍼지며 상승기류를 만듭니다. 3미터의 꽃 기둥을 발판 삼아 치솟은 악취는 이 상승기류를 타고 더 멀리 퍼지게 됩니다.

높은 열과 거대한 꽃의 크기 덕분에 냄새는 반경 1킬로미터 밖까지 퍼집니다. 후각에 예민한 파리. 꽃은 주변의 모든 파리를 부를 수 있죠.

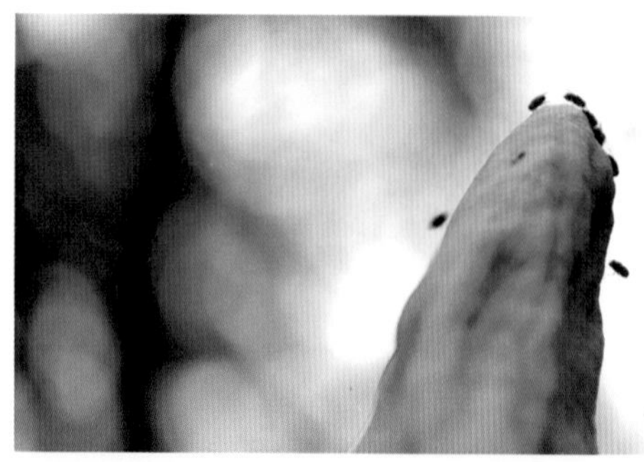

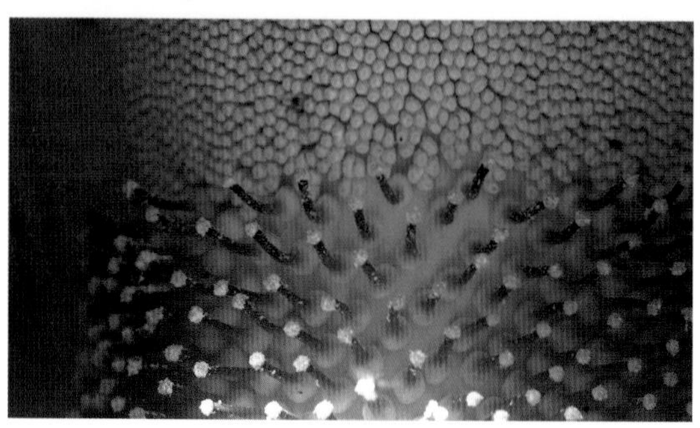

〈시체꽃의 암술(위)과 수술(아래)〉

몰려드는 파리들만큼 꽃은 많은 수술과 암술을 가지고 있습니다. 위쪽엔 암술이 있고 아래쪽엔 수술이 있습니다. 암술 수술 구분 없이 많은 파리가 몰려들었고 이미 구더기가 생긴 곳도 있죠. 수분은 순식간에 이뤄집니다.

경쟁이 치열한 열대에서 시체꽃이 세운 전략. 그것은 대량 살포입니다. 거대한 기둥과 나팔 형태의 꽃은 악취를 한 번에 많이 뿌리기 위한 확성기인 셈입니다. 그리고 이 압도적인 한 번의 발산을 위해 시체꽃은 7년을 준비해온 것이죠.

하지만 꽃은 곧 시듭니다. 7년의 기다림은 단 이틀 만에 끝이 납니다. 거대한 꽃을 오래 유지시킬 순 없죠. 꽃이 핀 지 약 48시간 만에 3미터의 기둥은 '우지끈' 하는 굉음을 내며 쓰러집니다.

PART
03
번식

GREEN ANIMAL

Chapter

10

Intro

7백 년을 기다린 씨앗

아라홍련

전라남도 함안의 함안박물관. 이곳에 다소 엉뚱한 것이 보관되어 있습니다. 주로 가야시대 등 고대 시기의 유물이 보관되어 있는 수장고 구석에 작은 나무 상자가 있습니다. 그 뚜껑을 열어보면 엄지손가락 한 마디 크기에 광택이 나는 물체 여러 알이 있죠. 바로 연꽃 씨앗입니다.

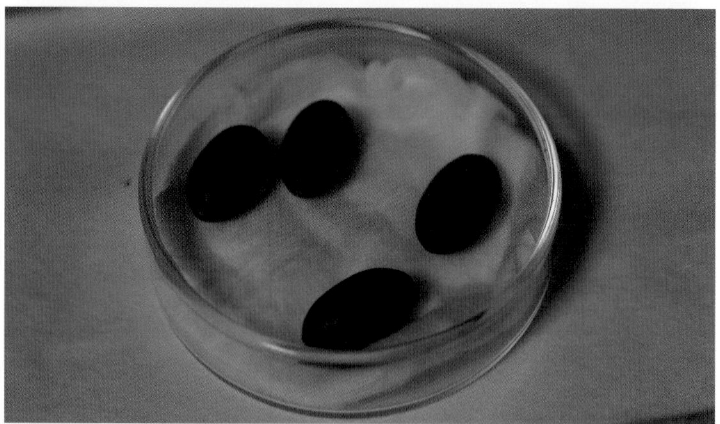

〈함안박물관에 보관된 연꽃 씨앗〉

〈2009년 성산산성 발굴 당시 모습〉

이 연꽃 씨앗은 2009년 5월 경상남도 함안군에 있는 성산산성(城山山城) 발굴 작업을 하던 중 발견되었습니다. 연못가로 추정되는 곳이었죠. 방사성 탄소 연대 측정을 해본 결과 씨앗의 나이는 650~760년 전 사이로 밝혀졌습니다. 즉 고려시대의 씨앗인 거죠. 이 씨앗은 과연 살아 있을까요?

씨앗은 약 700년을 기다려 꽃을 피웠습니다. 이 연꽃은 함안의 옛 지명의 이름을 따 '아라홍련(Nelumbo nucifera)'이라 불리게 됩니다. 이 연꽃의 꽃잎 밑부분은 백색, 중간 부분은 선홍색, 윗부분은 홍색으로 지금의 연꽃과 달리 길이가 길고 색깔이 엷어 고려시대의 불교 탱화에서 볼 수 있는 연꽃의 형태와 색깔을 그대로 간직하고 있다고 합니다. 고려시대 유물이 깨어난 것이죠.

하지만 사람들에게 발견되지 않았더라면 연꽃 씨앗은 700년이 아닌 그 이상을 기다렸을 수도 있습니다. 씨앗이 이렇게 오랜 시간을 기다리는 이유는 무엇일까요?

햇빛, 물, 영양분에 대한 굶주림 속에서 살아남아 쉽지 않은 짝짓기에 성공한 식물. 그 생에 대한 의지와 욕망의 결과물이 바로 씨앗입니다. 소중한 결실이자 확실한 미래인 것이죠. 하지만 식물은 동물처럼 안전하고 아늑한 곳에서 새끼를 낳을 수 없고 새끼를 돌봐줄 수도 없습니다. 그래서 식물은 다른 방식으로 이 욕구를 충족시킵니다. 바로 시간과 공간의 변화를 믿을 수 없을 만큼 견디는 씨앗을 만든 것이죠. 고온과 저온, 혹독한 가뭄에도 견디는 씨앗. 그래서 씨앗은 싹트기 가장 좋은 때와 가장 좋은 장소를 만날 때까지 기다리게 됩니다.

Chapter

11

때를 기다려 절정을 이루다

불을 기다리는 솔방울

쉬오크, 뱅크스 소나무

건기가 절정인 11월의 호주. 맑은 날씨에 발생하는 마른 벼락과 나무들끼리의 마찰열로 산불이 자주 일어납니다.

〈불에 타 죽은 메뚜기〉

죽음을 피하려는 몸부림은 허사로 끝납니다. 산불은 죽음을 낳습니다. 식물도 예외는 아닙니다.

〈산불에 쓰러지는 고목〉

그러나 세상엔 불이 나기만을 기다리는 식물도 있습니다. 쉬오크(Casuarina sp.)나 뱅크스 소나무(Pinus banksiana) 같은 식물들은 200도 이상의 고온에서만 씨앗이 담긴 솔방울을 엽니다. 불이 났을 때 씨앗을 퍼트리려는 것이죠.

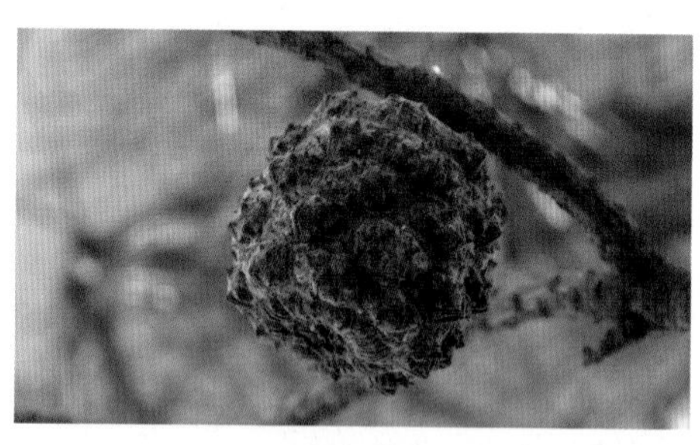

〈고온에 벌어지는 쉬오크 솔방울〉

〈고온에 벌어지는 뱅크스 소나무 솔방울〉

불이 났을 때 상승기류가 생긴다는 것도 식물들은 알고 있습니다. 그래서 이런 식물들은 씨앗에 날개를 달아 두었죠.

불이 나기를 기다려 씨앗을 퍼트리는 이유는 무엇일까요? 그것은 불이 났을 때가 싹트기 좋은 때이기 때문입니다. 이미 키 큰 나무들이 자라고 있는 숲에서 작은 씨앗이 건강하게 자라기는 쉽지 않습니다. 이미 있던 나무들은 토양의 양분을 많이 소모시켰으며 높게 자란 탓에 햇빛을 독차지하고 있죠.

항상 치열한 경쟁이 이뤄지는 이런 숲에서 새싹은 살아남기 힘듭니다. 하지만 불이 나면 얘기는 달라집니다. 경쟁자들이 불에 타면서 사라지고 숲에는 많은 빛이 들어오게 됩니다. 게다가 죽은 경쟁자들이 남긴 재는 훌륭한 거름이 되죠. 씨앗은 이전보다 훨씬 나은 조건에서 싹틀 수 있게 됩니다. 경쟁자들이 죽었을 때가 '내가 살아남기 가장 좋은 때'죠. 그래서 식물은 고온에서도 버틸 수 있는 몸체와 이때에만 퍼져 나가는 씨앗을 만들어냈습니다. 불을 두려워하지 않고 오히려 불을 기다린 것이죠.

지구에서 가장 거대한 생물

자이언트 세쿼이아

지구에서 가장 거대한 생물이 뭘까요? '아프리카코끼리' 혹은 '흰수염고래'라고 알고 있는 사람들도 있지만 답은 자이언트 세쿼이아(Sequoiadendron giganteum) 나무입니다. 미국 캘리포니아 주에 살고 있는 이 나무의 키는 약 100미터로 아파트 30층 정도 높이죠. 수명은 약 2,500년에서 3,000년가량입니다. 자이언트 세쿼이아가 즐비하게 늘어선 숲에 들어서면 다소 비현실적인 느낌을 받습니다. 너무 거대한 나무 탓에 상식적인 원근감이 사라지게 되죠. 그래서 인간이 매우 작은 존재로 느껴집니다. 마치 과거 공룡 시대의 숲 속에 온 듯한 느낌을 받기도 합니다. 거대한 나무의 크기가 시간과 공간을 낯설게 하는 거죠.

자이언트 세쿼이아 나무가 이렇게 거대해질 수 있었던 이유 중의 하나도 불을 견딜 수 있었기 때문입니다. 대부분의 자이언트 세쿼이아 나무는 산불에 대한 기억을 가지고 있습니다. 불에 탄 자국을 가지고 있는 것이죠. 보통의 자이언트 세쿼이아 나무는 다 성장할 때까지 80여 번의 대형 산불을 겪는다고 합니다. 하지만 7일간 계속된 불을 견뎠다는 기록이 있을 정도로 불에 강합니다.

나무는 1미터 두께까지 자라는 껍질을 가지고 있습니다. 재밌는 건 이렇게 두꺼운 껍질이 딱딱하지 않다는 점이죠. 오히려 푹신푹신합니다. 이유는 무엇일까요?

〈자이언트 세쿼이아 나무 단면〉

바로 수분을 머금기 위해섭니다. 나무껍질을 눌러보면 물기를 머금고 있다는 것을 알 수 있습니다. 불을 이기는 것은 물. 딱딱함이 아니죠. 코르크 마개처럼 푹신한 나무의 껍질은 공기 중에 있는 수분을 간직합니다. 오래된 낙엽이더라도 물에 젖어 있으면 잘 타지 않는 것과 같은 원리입니다. 그리고 이렇게 불을 견디는 이유. 그것은 씨앗을 위해서이기도 합니다. 자이언트 세쿼이아 솔방울 역시 200도 이상에서만 벌어집니다.

그래서 미국 캘리포니아 주에 있는 세쿼이아 국립공원에서는 1년에 한 차례 정도 자이언트 세쿼이아 숲에 일부러 불을 지릅니다. 세쿼이아 씨앗의 발아를 촉진시키기 위해서죠. 흥미로운 점은 이때 숲에 불을 지르는 사람이 소방관이란 점입니다. 불을 끄기 위해 존재하는 사람들이 일부러 불을 지르면서까지 자이언트 세쿼이아 숲을 보호하고 있는 것이죠. 이처럼 견딜 수만 있다면 산불은 행운일 수 있습니다. 위기를 기회로 바꾼 자이언트 세쿼이아는 이렇게 숲을 이루고 있죠.

바람을 기억하는 나무

호주 바람나무

호주 남서부, 바람이 많이 부는 해안가에 한 그루의 나무가 서 있습니다. 식물은 바람을 느낍니다.

이 나무는 쓰러진 게 아닙니다. 해안가의 거친 바람을 피해 바람의 반대 방향으로 자라고 있죠. 휘어진 상태로 자란다는 것은 거친 바람의 존재를 알고 있다는 뜻입니다. 식물은 결코 아무렇게나 자라지 않습니다. 빛이 많은 쪽으로 잎을 내며 가지를 뻗습니다. 그래서 나무의 나이테만 보고서도 남북 방향을 알 수 있죠. 마찬가지로 물이 많은 쪽으로 뿌리를 뻗으며 바람이 적은 쪽으로

가지를 뻗습니다. 그래서 나무의 수형, 형태를 음미해보면 그 나무가 살고 있는 기후를 추측할 수 있습니다. 나무는 자신이 살고 있는 환경을 정확히 알고 있습니다. 그렇지 않으면 살아남을 수 없죠. 이동할 수 없는 식물. 그래서 오히려 식물은 주변의 흐름과 변화에 민감한 존재입니다.

하늘로 향한 씨앗이 결국 기다린 것

동의나물

어떤 곳에서 식물이 자라고 있는가. 이것이 씨를 퍼트리는 방식에 대한 힌트가 될 수 있습니다. 동의나물(Caltha palustris)은 물가에서 자랍니다.

꽃이 진 자리에서 씨방이 부풀어 오릅니다. 씨가 커지면서 익어간다는 뜻이죠. 그리고 좀 더 시간이 지나면 씨방이 별 모양으로 벌어집니다. 별 모양의 씨방은 씨앗을 담고 있습니다. 다른 모든 곳은 막혀 있고 하늘 방향만 뚫려 있습니다. 위를 향해 있는 씨앗은 뭔가를 기다리고 있죠.

비가 내립니다. 동의나물 씨앗이 기다렸던 것은 바로 비입니다. 비는 위치에너지와 운동에너지를 가지고 있죠.

씨앗이 튕겨져 나갑니다. 씨앗은 되도록 멀리 퍼져야 합니다. 씨앗이 어미 식물 곁에 떨어진다면 씨앗은 어미 식물과 경쟁을 할 수밖에 없습니다. 씨앗이 살아남을 가능성이 적어진다는 것이죠. 그러나 식물은 보통 스스로 씨앗을 퍼트리지 못합니다. 씨를 날라줄 누군가의 도움이 필요한 거죠.

동의나물은 비의 힘을 빌립니다. 높은 곳에서 떨어지는 빗방울. 빗방울의 크기가 작더라도 작은 동의나물의 씨앗을 충분히 퍼트릴 수 있는 에너지를 가지고 있죠. 또한 동의나물의 움푹한 씨방은 씨방 안에 있는 씨앗이 더 잘 튕겨져 나갈 수 있게 해줍니다.

씨앗은 빗방울에 튕겨져 물 위로 떨어집니다. 사실 빗방울이 아주 멀리 동의나물 씨앗을 퍼트릴 수는 없습니다. 하지만 동의나물이 자라는 물가의 물 위로 씨앗을 보낼 수는 있죠. 한번 물 위로 떨어지는 데 성공하면 씨는 물길을 따라 더 멀리 퍼져 나갈 수 있게 됩니다. 그리고 다시 물가에 정착해 싹을 틔우게 되죠.

대륙을 여행하는 씨앗

문주란

제주도의 성산 일출봉. 이 근처에 토끼섬이라 불리는 무인도가 있습니다. 녹색 식물이 이 섬을 점령하고 있죠.

이 식물의 이름은 문주란(Crinum asiaticum). 이 섬 전체가 문주란의 자생지로 천연기념물로 지정되어 있습니다. 문주란은 바람과 비보다 훨씬 거대한 힘에 의지해 씨앗을 퍼트립니다.

〈제주도의 토끼섬〉

토끼섬에 군락을 이룬 문주란. 그런데 토끼섬보다 추운 북쪽에선 문주란이 자라지 않습니다. 토끼섬이 이 식물이 자랄 수 있는 북방한계선이란 뜻입니다. 그렇다면 따뜻한 남쪽에서 왔다는 얘기인데 남쪽은 태평양입니다.
매해 7월 정도면 그윽한 향기가 나는 꽃이 핍니다. 모든 꽃이 한 꽃대에서 모여 피죠. 꽃이 지면 씨앗이 들어 있는 씨방이 부풀기 시작합니다.

그런데 꽃대가 버틸 수 없을 만큼 씨방이 부풀어 오릅니다. 스무 개가 넘는 씨방 전부가 호두알만 한 크기로 커지게 됩니다. 이제 먼 길을 떠날 시간이 다가왔다는 뜻이죠.

〈쓰러지는 문주란 꽃대〉

결국 꽃대가 씨방의 무게를 견디지 못하고 쓰러집니다. 문주란은 일부러 감당하기 힘들 정도로 씨앗의 크기를 키운 것이죠. 꽃대가 쓰러지면 씨앗은 땅바닥으로 굴러갑니다.

문주란 씨앗은 꽤 무거우면서 둥글게 생겼습니다. 바다는 항상 육지보다 낮은 곳에 있죠. 씨앗은 바다를 향해 굴러가기 시작합니다.
문주란 씨앗은 무겁지만 부력이 있어 물에 뜰 수 있습니다. 그리고 최소 몇 개월 정도는 바다 위에서 떠 있는 상태로 생존할 수 있는 구조를 가지고 있습니다. 제주도 토끼섬의 문주란이 정확히 남쪽 어느 곳에서 왔는지는 알 수 없습니다. 그러나 꽤 오랜 시간 동안 넓은 바다 위를 떠다니다 이곳에 상륙한 것은 분명합니다.

물범처럼 이동하는 씨앗

모감주나무

물범(Phoca largha)은 바다를 여행하는 동물로 중국과 한반도를 오가며 생활합니다. 겨울에는 새끼를 낳기 위해 중국으로 갔다가 여름이면 다시 한반도의 서해안으로 내려오는데 이 거리는 약 3,500킬로미터로 알려져 있습니다.

그런데 어떤 씨앗도 이 경로로 이동을 합니다. 물범처럼 힘센 꼬리와 날렵한 갈퀴도 없는 씨앗이 어떻게 이 먼 거리를 이동할 수 있을까요?

모감주나무(Koelreuteria paniculata)입니다. 꽃 핀 모습이 금빛 비 같다 해서 '골든 레인(Golden Rain)'이라 불리기도 하죠. 모감주 역시 바닷가에 사는 나무입니다.

꽃이 지면 모감주나무의 씨방은 풍선처럼 부풀죠. 그리고 이 풍선 같은 씨방은 세 갈래로 갈라지는데 각각의 조각마다 한두 개의 씨앗이 달려 있습니다.

바다로 가기 위해선 먼저 바람의 도움이 필요합니다. 다행히 바닷가엔 바람이 많이 불죠. 바람은 갈라져 있던 씨방을 완전히 분리시킨 뒤 날려 보냅니다. 씨방의 움푹한 형태는 바람개비처럼 바람을 잘 받을 수 있는 구조. 씨앗은 강한 바람을 맞으면 120미터 밖까지 날아갈 수 있습니다. 하지만 바람에 날아가는 것만으로는 바닷물에 닿을 수 없을 때가 많죠. 씨방은 이런 때도 대비해두었습니다.

출항할 때가 왔습니다. 씨방은 바람개비이자 물에 뜨는 보트 역할을 합니다. 씨방은 물에 잘 뜰 수 있을 뿐만 아니라 앞쪽은 뾰족하고 뒤쪽은 넓어 물의 저항을 최소화할 수 있는 형태로 되어 있습니다. 유선형의 날렵한 보트 형태죠. 게다가 씨방 가운데 달려 있는 씨앗이 무게중심을 잡는 역할도 합니다. 씨방은 씨앗을 배에 태우고 출항합니다.

정박은 잠시뿐입니다. 썰물이 모감주 씨앗을 바닷가로 데리고 가죠. 바다에 떠다니게 되면 씨앗을 태우고 있던 씨방은 보통 분리가 됩니다. 분리된 모감주 씨앗은 작아도 물에 뜰 수 있습니다. 게다가 모감주 씨앗은 사찰에서 염주를 만드는 재료로 쓰일 정도로 매우 단단하죠.

모감주 씨앗이 바다를 건너 육지에 도착할 확률은 얼마나 될까요? 육지에 도착하려면 겨울철 편서풍을 만나야 하고 5달 이내에 총 3,500킬로미터를 이동해야 합니다. 이 모든 조건이 맞아야 성공하죠. 하지만 식물은 모험을 택합니다.

바다 위에서도 보이는 황금빛 무더기. 천연기념물로 지정된 모감주나무 군락입니다. 씨앗의 무모해 보이는 모험은 결국 성공합니다. 그 모험의 결과가 이곳에서 골든 레인(Golden Rain)이란 이름에 걸맞게 황금빛 꽃을 피우고 있죠. 그리고 씨앗의 이런 도전과 모험 덕분에 식물은 영토를 넓혀갑니다.

〈천연기념물 제428호 전남 완도 모감주나무 군락〉

Chapter

12

동물의 욕구를 읽어내다

겨울에 열매를 맺는 이유

겨우살이

계절이 바뀌는 시기인 늦가을. 낮은 영상이지만 밤은 영하로 내려가는 때죠. 그리고 늦가을의 밤, 땅 위는 영하지만 땅속은 아직 영상입니다. 땅 위에 있는 오리방풀(Isodon excisus)의 줄기는 얼어 있지만 오리방풀의 뿌리는 아직 살아 있어 줄기 쪽으로 물을 끌어올리죠. 결국 줄기는 얼어서 찢어지게 됩니다. 이렇듯 얼음이 어는 현상은 일 년 중 단 며칠 동안만 벌어집니다. 줄기가 죽은 뒤엔 뿌리도 물을 끌어올리지 못하기 때문이죠.

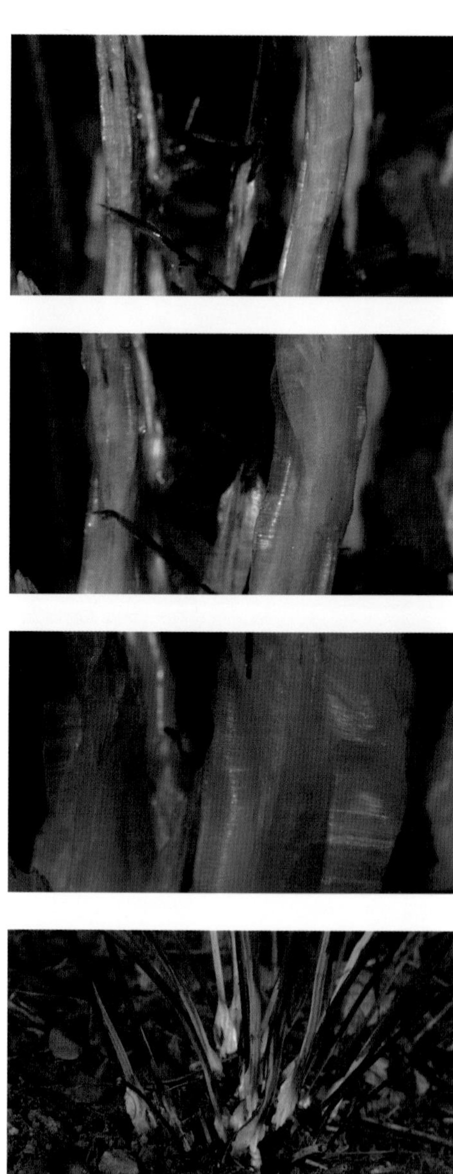

〈얼어서 찢어진 오리방풀의 줄기〉

죽음의 시간. 한여름 우포늪 위를 가득 메웠던 생이가래(Salvinia natans) 역시 '처음'으로 돌아갑니다. 물에 녹아 흔적도 없이 사라지는 거죠. 비움과 사라짐의 시간. 그런데 한 식물은 이때 모습을 드러내기 시작합니다.

빨갛고 노랗게 물든 낙엽이 모두 진 뒤에야 비로소 드러나는 겨우살이(Viscum album). 겨울에 열매를 맺는다 해서 붙여진 이름, 겨우살이. 겨우살이가 겨울에 열매를 맺는 이유는 무엇일까요? 겨우살이는 새를 이용해 씨앗을 퍼트립니다. 먹이를 찾아다니는 직박구리(Hypsipetes amaurotis). 우리나라 숲에서 사는 텃새, 즉 일 년 내내 한곳에서만 사는 새이며 가장 많은 양의 겨우살이 열매를 먹고 씨앗을 퍼트리는 새죠.

겨울철엔 새들의 먹이가 드뭅니다. 대부분의 식물들이 열매를 맺지 않는 계절이기 때문입니다. 새들이 배가 고플 때죠. 게다가 새들의 시야를 가렸던 잎들이 사라져 열매가 손쉽게 눈에 띌 수 있는 장점도 있는 시기입니다. 그래서 겨우살이는 이때를 노립니다. 새들에게 독보적인 먹이가 되려는 것이죠.

덕분에 겨우살이의 열매는 항상 인기가 있습니다. 겨우살이는 직박구리를 위한 배려도 빼놓지 않습니다. 열매의 크기를 직박구리의 부리 크기에 맞춰 둔 것이죠. 결국 직박구리는 겨우살이 씨를 전담해서 퍼트리게 됩니다.

그런데 문제가 있습니다. 겨우살이는 기생식물의 일종, 정확히 말해 반기생 식물(半寄生植物)입니다. 스스로 에너지를 만들어내는 광합성도 하지만 다른

나무의 가지를 뚫고 들어가 양분을 흡수해야 합니다. 즉 나뭇가지에 붙어야만 살 수 있죠. 그래서 겨우살이의 씨앗은 특별합니다.

〈겨우살이의 씨를 먹고 배설하는 직박구리〉

겨우살이의 씨는 끈적거립니다. 그리고 이 끈적거리는 점액질엔 1미터까지 늘어나는 끈이 감겨 있죠. 이 부분은 새가 소화시킬 수가 없어 그대로 배설됩니다. 거미줄과 접착제를 가진 씨앗. 바람이 불면 진가를 드러냅니다.

가지에 달라붙은 씨앗은 다시 가지를 뚫고 들어가 싹을 틔우게 됩니다. 직박구리에게 쉽게 먹힐 수 있는 시기를 고르고 나무에 붙을 수 있는 씨앗을 만들어낸 겨우살이. 식물은 씨앗이 어디로 어떻게 가야 생존할 수 있는지 분명히 알고 있으며 이에 대한 준비를 합니다.

타이머가 장착된 씨앗

헛개나무

어떤 씨앗엔 타이머가 장착되어 있습니다. 해독작용이 있다고 알려진 헛개나무(Hovenia dulcis) 열매입니다. 새끼손톱 반만 한 크기에 매우 단단한 껍질을 가지고 있는 씨앗이죠. 지금은 타이머가 꺼진 상태. 이대로라면 씨앗은 발아하지 않습니다.

타이머를 작동시킬 동물입니다. 가을철과 겨울철 헛개나무 열매는 산양이 즐겨 찾는 먹이입니다. 헛개나무 씨앗의 자연 상태 발아율은 3퍼센트. 그냥 내버려뒀을 경우 거의 싹이 트지 않죠. 헛개나무가 씨앗 껍질을 매우 단단하게 만들었기 때문입니다.

하지만 산양(Naemorhedus caudatus)에게 먹히면 발아율은 30퍼센트까지 올라갑니다. 산양의 위액이 두꺼운 껍질을 얇게 만들기 때문이죠. 헛개나무 재배농가에서도 이와 비슷한 방식으로 헛개나무 씨앗을 발아시킵니다. 헛개나무 씨앗을 황산액에 담그거나 비빈 뒤에 흙에 심는 것이죠. 그래야 두꺼운 껍질을 뚫고 싹이 나올 수 있습니다.

씨앗이 얇아지는 동안 동물은 움직입니다. 씨앗이 껍질을 두껍게 만든 이유는 이 때문입니다. 씨앗이 이동할 시간을 버는 거죠. 씨는 어미 곁에서 멀리 떠날수록 어미와의 경쟁을 피해 생존확률이 높아집니다. 또한 어미가 살고 있는 환경보다 더 나은 환경을 찾을 수도 있는 거죠. 씨앗은 동물의 몸속에서 때를 기다리고, 동물이 배설을 하는 순간 이동에 성공하게 됩니다.

〈배설하는 산양〉

씨앗은 이동한 뒤에야 싹이 틀 수 있도록 타이머를 만들어 두었습니다. 게다가 씨앗은 동물의 배설물이라는 거름까지 덤으로 얻어 건강하게 싹을 틔우게 되죠. 그리고 이러한 씨앗의 생존능력은 인간의 문명을 무너뜨리기도 합니다.

나무와 사원의 기묘한 동거

무화과나무

캄보디아 씨엠립의 벵 메알레아 사원. 12세기에 지어진 이 사원을 무너뜨린 것은 시간만이 아닙니다. 나무가 사원을 무너뜨리기도 하죠.

벵 메알레아 사원에서 멀지 않은 곳에 위치한 타 프롬(Ta Prohm) 사원 역시 사정은 비슷합니다. 사원을 지배하고 있는 나무의 최초 씨앗은 새들과 다람쥐들에 의해 옮겨졌습니다. 돌 위에서 싹튼 나무들은 물을 찾아 돌 틈을 파고 들어가기 시작했고 결국 사원을 가르고 부쉈죠.

그러나 지금은 오히려 나무들이 사원을 지탱하고 있습니다. 나무와 사원이 하나가 되었기 때문이죠. 나무가 죽으면 사원도 무너지게 되어 있습니다. 이제 이곳을 관리하는 사람들은 더 이상 나무를 없애려 하지 않습니다. 더 크지 않도록 조치를 취할 뿐이죠.

문명이 무너지는 것을 막고 있는 나무. 바로 무화과나무(Ficus gibbosa)입니다. 무화과(無花果)는 꽃이 피지 않고 열매가 열린다 해서 붙여진 이름입니다. 하지만 무화과엔 꽃이 핍니다. 다만 우리가 열매로 먹는 과육 속에 꽃이 피기 때문에 꽃이 안 보일 뿐이죠. 무화과가 이렇게 보이지 않는 꽃을 피우는 것은 꽃의 수분매개자가 '무화과좀벌'이라는 작은 크기의 벌이기 때문입니다. 무화과좀벌은 무화과 열매 속으로 들어가 열매 안쪽에 핀 꽃의 수정을 돕고 그곳에서 알을 낳습니다. 열매는 산란 장소를 제공하면서 수정을 하는 것이죠. 무화과나무는 전 세계 약 800여 종이 있는데 재밌는 점은 무화과좀벌 역시 800여 종이 있다는 사실입니다. 800여 종의 무화과나무는 각각 자신만을 수정시켜줄 '전담' 무화과좀벌을 따로 가지고 있습니다. 무화과나무는 이렇게 독특한 방식으로 수정을 할 뿐만 아니라 다양한 방식으로 씨앗을 퍼트립니다. 씨를 퍼트리는 동물들에게 '맞춤 서비스'를 해주는 것이죠.

땅바닥에 열매를 단 나무의 속셈

땅무화과나무

말레이시아 보르네오 섬 서부. 이곳에 살고 있는 150여 종의 무화과나무뿐만 아니라 주위의 모든 나무들은 자신의 씨앗이 든 열매를 퍼트려야 합니다. 이 씨앗 퍼트리기 경쟁에서 살아남아야 자신의 유전자를 남길 수 있죠. 그런데 씨앗을 날라줄 동물은 충분치 않습니다. 그래서 나무들은 여러 가지 궁리를 합니다. 열매가 열리는 시기를 달리하는 게 대표적입니다. 온대 지역에선 대부분의 나무가 가을에 열매를 맺습니다. 그러나 열대의 나무들은 한 시기에 몰아서 열매가 열리는 경우가 드뭅니다. 나무마다 열매 맺는 시기가 다른 게 보통입니다. 서로 간에 경쟁을 피하는 것이죠. 또한 1년 중 단 한 번이 아닌 여러 번에 걸쳐 열매를 맺기도 합니다. 이 또한 특정 시기에만 열매가 많아지는 것을 피해 열매를 분산시키는 거죠.

이런 식으로 열매를 맺는 대표적인 나무가 무화과입니다. 열대의 무화과나무는 정확히 언제 열매가 열릴지 예측을 할 수 없습니다. 열매 열리는 시기와 열리는 간격이 일정하지 않죠. 이런 '예측불가능성'이 오히려 씨앗 산포 동물을 '묶어두는' 역할을 합니다. 가을철에만 열매가 열린다면 그 열매를 먹는 동물은 가을철에만 오면 됩니다. 그런데 언제 열매가 열릴지 모른다면 수시로 찾아와서 확인을 할 수밖에 없는 거죠. 이는 인간의 여성이 가임기를 숨기도록 진화했다는 학설과 유사합니다. 침팬지 등의 다른 영장류는 암컷의 엉덩이가 빨개지는 등 가임기가 되었다는 신호를 외부적으로 알리게 됩니다. 수컷은 이 신호가 켜졌을 때만 짝짓기를 하려 암컷에게 다가가죠. 그러나 인간의 여성은 가임기가 되어도 외부적인 신호가 나타나지 않습니다. 가임기라는 신호를 감췄기 때문에 인간의 남성은 항상 암컷 주위를 맴돌게 만들었다는 것이죠.

그런데 무화과나무의 노력은 여기에서 그치지 않습니다. 무화과나무는 씨앗을 퍼트리는 동물의 행동 패턴을 읽습니다.

나무의 열매는 보통 높은 곳에 달립니다. 그런데 열매가 높은 곳에 열리는 이유가 있을까요? 그 이유를 찾기 위해서는 이 무화과나무를 살펴볼 필요가 있습니다. 이 나무는 '땅무화과(Earth Fig.)'라는 별명이 있죠. 이 나무는 특이한 곳에 열매를 맺습니다. 바로 땅바닥이죠. 이 무화과나무가 열매를 땅바닥에 맺은 이유는 무엇일까요?

코에 잔뜩 묻은 흙. 흙을 파서 먹이를 찾는 동물입니다. 땅을 파 먹이를 찾는 야생 멧돼지(Sus scrofa)의 습성. 무화과는 이러한 멧돼지의 습성을 알고 있죠. 땅무화과는 땅바닥을 훑고 지나다니는 멧돼지나 다람쥐 등의 눈에 잘 띌 수 있게 바닥에 열매를 맺습니다. 열매는 먹히기 위해 존재합니다. 그들에게 먹혀야만 열매 속 씨앗은 퍼져 나갈 수 있습니다. 땅무화과나무는 '찾아가는 서비스'를 하는 것이죠. 그리고 이런 '소비자' 중심의 서비스를 제공하는 무화과나무가 호주에도 있습니다.

위치 자체가 유혹

화식조와 무화과나무

호주 북동부. 녹색의 숲에서 유독 눈에 띄는 동물이 있습니다. 포유류도 적고 원숭이도 없는 호주에서 씨앗을 나를 수 있는 가장 큰 동물이죠. 공룡을 연상시키는 머리뼈, 단검과 같은 발톱. 크기 2미터의 날지 못하는 새. 화식조(Casuarius casuarius)입니다.

새끼는 암컷이 아닌 수컷이 보살핍니다. 암컷은 알을 낳고 떠나버립니다. 수컷이 알을 품고 새끼를 키우죠. 이제 새끼는 스스로 땅에 떨어진 먹이를 찾아 먹습니다. 색깔이 있는 열매는 땅바닥에서도 쉽게 눈에 띕니다. 그래서 이들에게 쉽게 먹힐 수 있죠.

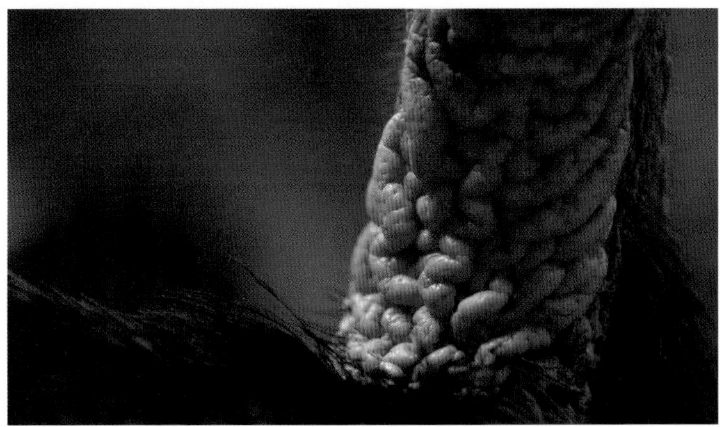

화식조의 목엔 화식조가 먹는 열매 색깔만큼 다양한 색의 볏슬이 있습니다. 이 색깔은 짝짓기 때 알록달록한 먹이처럼 보여 상대를 유혹하는 목적으로 쓰인다는 주장도 있죠.

화식조는 날지 못하는 새입니다. 날 수 있는 새들이 먹을 수 있는 높이의 열매는 화식조가 따 먹을 수가 없습니다. 그 열매가 떨어졌는지 자주 찾아가서 살피는 수밖에 없죠.

화식조는 땅에 떨어진 열매만 먹을 수 있습니다. 그래서 어떤 무화과는 이런 화식조의 불편함을 처리해줍니다. 나무 위가 아닌 나무 아래쪽에 열매를 맺는 거죠.

화식조의 눈높이에 맞춘 열매. 또한 이 열매는 빨간색이나 보라색처럼 눈에 띄는 색깔로 위장할 필요가 없습니다. 밋밋한 색깔일지라도 쉽게 화식조에게 먹힙니다. 이렇게 화식조에게 먹힌 무화과는 화식조가 이동하면서 싸는 배설물 덕분에 숲 속에 퍼지게 됩니다.

이처럼 무화과는 종에 따라 다른 위치에 열매를 맺습니다. 높은 곳에 사는 원숭이와 날 수 있는 새를 위해 나무 꼭대기에 열매를 맺는 무화과도 있으며 나무를 오르락내리락하는 사향고양이나 다람쥐를 위해 나뭇가지에 열매를 맺는 무화과도 있죠. 게다가 어떤 무화과는 박쥐가 초음파로 발견하기 쉽도록 나무 기둥에 열매를 맺기도 합니다. 열매는 정해진 위치가 없습니다. 씨앗을 날라줄 동물에게 맞출 뿐이죠.

하얀 파우더의 위력

블루베리

동물을 유혹하는 또 하나의 방법. 색깔입니다. 인간은 오랫동안 식물로부터 색깔을 얻어냈습니다. 식물은 색을 만들어내는 전문가죠. 그리고 식물이 색을 만들어낸 이유 중 하나는 동물의 눈에 띄기 위해서입니다. 초록색의 열매는 녹색의 숲에서 눈에 잘 띄지 않을뿐더러 대체로 떫은맛을 냅니다. 익지 않았다는 표시죠. 동물들은 이런 색깔의 열매엔 관심을 보이지 않습니다. 그러나 씨앗이 준비되면 식물은 씨앗을 감추고 있는 과육에 색깔을 입힙니다. 씨앗을 날라줄 동물에게 과육이 맛있게 익었다고 알리는 거죠.

〈블루베리 표면의 하얀 가루(위는 가시광선, 아래는 자외선 상에서)〉

블루베리(Vaccinium spp.)는 여기에 한 가지를 더합니다. 블루베리 표면의 하얀 가루. 이것은 조류의 눈에 띄기 위한 보조 장치입니다. 가시광선 상에서는 하얀 분가루처럼 보이지만 자외선으로 보면 밝게 빛나는 것을 볼 수 있습니다. 블루베리를 좋아하는 새들은 자외선을 볼 수 있습니다. 새들의 눈에 더 잘 띄기 위해서 한 번의 코팅을 더하는 거죠.

그러나 색깔과 같은 시각적 유혹에는 한계가 있습니다. 열대 우림과 같이 울창한 곳에선 큰 효과를 발휘하기 어렵습니다. 앞이 잘 보이지 않을 정도로 빽빽한 숲에선 다른 방법이 더 유용할 수 있습니다.

지옥 같은 냄새의 눈부신 활약

두리안

냄새는 가까이 가지 않아도 느낄 수 있습니다. 특히 지독한 냄새라면 더욱더 그렇죠. 두리안(Durio zibethinus)은 '가시'를 뜻하는 말레이·인도네시아어의 'duri'에서 파생된 이름입니다. 울퉁불퉁한 가시가 꽤 단단해 떨어질 때 매우 조심해야 하는 과일입니다. 과일의 왕이라고도 불리지만 일부 항공사에선 기내반입금지 품목으로 명시되어 있습니다. 흉측하게 생긴 모습 이상의 지독한 냄새 때문입니다. 닭똥이 썩거나 하수구에서 나는 냄새라고 표현을 하는 두리안의 냄새. 실제로 냄새를 맡아보면 살짝 어지럼증을 느낄 수도 있죠. 그러나 이 역한 냄새를 좋아하는 동물이 있습니다.

오랑우탄(Pongo pygmaeus)입니다. 말레이·인도네시아어로 오랑(orang)은 '사람', 우탄(utan)은 '숲'이란 뜻입니다. '숲 속의 사람'이란 뜻이죠. 오랑우탄은 아주 멀리서도 두리안 열매가 익은 냄새를 맡을 수 있을 정도로 후각이 발달해 있으며 꽤 큰 열매를 옮길 수 있을 정도로 힘이 세죠.

두리안 열매의 껍질은 껍질이라기보다 껍데기에 가깝습니다. 뾰족할 뿐만 아니라 꽤 단단합니다. 오랑우탄 정도가 돼야 벗길 수 있죠. 두리안이 덩치 큰 동물을 기다렸다는 뜻이죠. 일부 학자들은 오랑우탄 외에도 지금은 멸종된 공룡처럼 꽤 거대한 동물이 산포 동물일 가능성이 있다고 말합니다. 그만큼 두리안이 크고 무겁기 때문입니다. 열매의 크기나 형태를 보면 그 열매의 산포 동물을 추측해볼 수 있는 거죠.

진화론의 공동발견자인 앨프레드 러셀 윌리스는 그의 저서에서 두리안의 맛에 대해 이렇게 말했습니다. "풍부한 버터로 만든 커스타드 크림에 아몬드를 뿌린 맛, 그리고 거기에 약간의 크림치즈, 양파소스, 셰리주(brown sherry) 한 방울을 넣은 것 같다." 두리안을 보고 사람들은 세 번 놀란다고 합니다. 처음엔 흉측한 모습, 두 번째는 지독한 냄새, 세 번째는 달콤한 맛이죠. 냄새는 지옥이지만 맛은 천국입니다.

게다가 두리안은 중독성도 있죠. 두리안 과육은 소화가 되면서 소량의 알콜 성분이 생깁니다. 취하게 되는 것이죠. 덕분에 씨앗은 이곳저곳에 아무렇게나 나뒹굴게 되며 이 맛에 길들여진 오랑우탄은 다시 두리안을 찾게 됩니다. 이처럼 식물은 동물의 욕구를 읽어냅니다. 식물은 스스로 이동할 수 없기에 동물을 이용해 자손을 퍼트리려는 것이죠. 그러나 식물은 의존만 하지 않습니다. 스스로 씨앗을 퍼트리기도 하죠.

Chapter

13

모든 씨앗의 마지막 과제

"날 건드리지 마시오"

물봉선

물봉선(Impatiens textori). 이 식물의 이름은 물가에 산다고 해서 붙여졌습니다.

물봉선의 꽃이 진 뒤에 생기는 씨방. 씨방은 여물어가면서 작은 콩꼬투리처럼 길어지고 팽팽해지죠. 극도의 긴장에 다다른 상태. 물봉선의 꽃말은 '날 건드리지 마시오'입니다. 작은 자극에도 상황은 극적으로 변합니다. 여치가

움직이려고 뒷발에 힘을 주는 순간, 실보다 가느다란 더듬이가 씨방을 건드리는 순간, 물봉선을 건드렸던 곤충은 폭발 때문에 사라집니다.

〈물봉선 씨방이 터지면서 떨어지는 여치〉

씨방은 터지면서 안에 있던 물봉선의 씨를 밖으로 토해냅니다. 여러 개로 산산조각 나는 씨방은 다른 물봉선 씨방을 건드리며 연쇄 폭발을 일으키기도 하죠. 농부가 밭에 씨앗을 뿌릴 때처럼 한곳에 모든 씨앗이 떨어지지 않고 흩뿌려지게 됩니다. 씨앗이 뭉치지 않고 떨어져야 서로의 경쟁을 막을 수 있기 때문이죠. 게다가 물봉선은 물가에서 자랍니다. 어미 물봉선 주위에 떨어지는 씨앗보다 물속으로 빠지는 씨앗이 훨씬 많죠. 그래서 물봉선은 물을 따라 내려가면서 그 영역을 넓히게 되죠.

흙 속에 씨앗을 박는 식물

땅콩

이 식물의 씨앗은 아주 흔한 먹거리죠. 바로 땅콩(Arachis hypogaea)입니다.

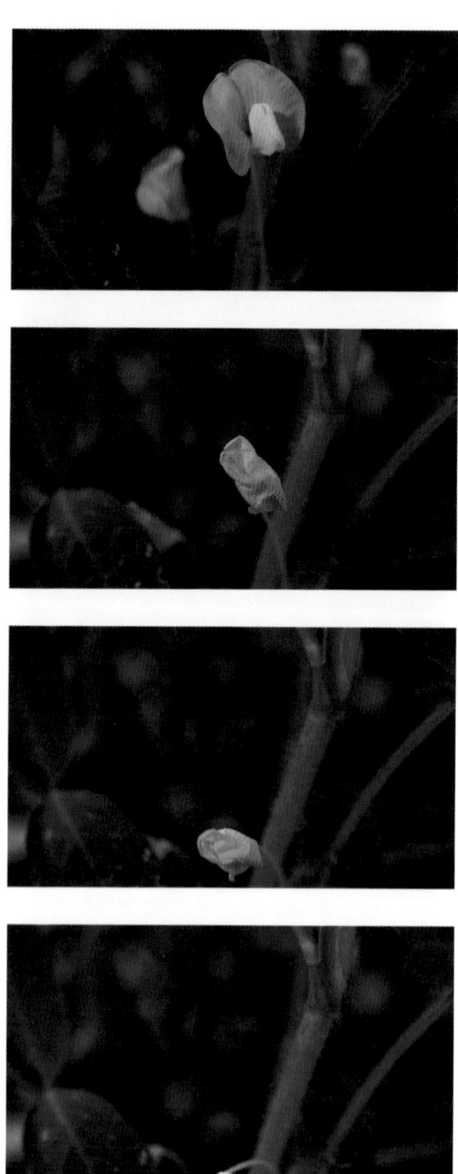

〈수정이 된 뒤 땅 쪽으로 향하는 땅콩의 꽃〉

사람들은 흔히 땅콩이 뿌리에서 생기는 거라고 생각하지만 그렇지 않습니다. 땅콩의 별명은 낙화생(落花生), '꽃이 떨어져야 (열매가) 생긴다'는 의미입니다. 노란 꽃이 수정이 된 뒤 지면 꽃은 땅으로 향합니다. 시드는 것이 아닙니다. 꽃의 끝부분인 씨방이 자라는 것이죠. 그리고 이 씨방이 땅속을 파고 들어가 땅속에서 땅콩이 열리게 됩니다.

씨앗에는 건강하게 싹이 틀 수 있도록 풍부한 영양분을 가지고 있는 경우가 많습니다. 그래서 동물들이 좋아하는 먹이가 되죠. 하지만 땅속에 박히면 동물에게 먹혀 씨앗이 훼손될 가능성은 낮아집니다. 즉, 발아확률이 높아지는 거죠.

〈땅속을 파고 들어가는 땅콩 씨방자루〉

여기서 재밌는 점은 하늘을 바라보며 위로만 자랐던 꽃대가 땅을 내려다보면 아래쪽으로 자란다는 사실입니다. 마치 하늘 방향과 땅 방향을 알고 있다는 듯이 말이죠. 눈이 있는 동물에겐 별것 아닌 일이지만 눈이 없는 식물에겐 쉬운 일이 아닙니다. 눈이 없는 식물이 어떻게 방향을 알고 있을까요?
인간의 귀엔 '이석'이란 돌이 있어 중력을 느끼죠. 땅콩의 씨방 끝에도 이러한 구조가 있어 중력을 느낄 수 있고 이 방향으로 자라게 됩니다. 한 달 정도의 시간이 흐르면 씨방자루 끝에서 땅콩이 만들어집니다. 씨앗을 스스로 땅속에 심는 땅콩. 자식이 잘 컸으면 하는 욕구, 동물만 이런 욕구를 가진 게 아니죠.

씨앗을 내던지는 식물

이질풀

이질풀(Geranium sp.)의 꽃은 꽃이 진 뒤 씨방자루가 기둥처럼 길어집니다.

하늘을 향한 기둥들. 사람들은 이질풀의 씨앗이 퍼져 나가는 것을 보고 무기를 만들었는지도 모릅니다. 기둥 아래쪽에 있는 씨앗. 이제 곧 씨앗은 사라집니다.

〈사라지는 이질풀의 씨앗〉

이질풀은 마치 투석기처럼 씨앗을 발사합니다. 어떤 메커니즘을 가지고 있는지 분명하진 않습니다. 아마도 씨방 안쪽과 바깥쪽의 상이한 조직구조 때문에 수축률이 달라지는 것으로 보입니다. 어쨌거나 씨앗은 순식간에 발사됩니다. 육안으로는 씨앗이 튕겨져 날아가는 것을 볼 수 없을 정도입니다.
식물은 흔히 움직이지 않는다고 여겨집니다. 그러나 어떤 때는 육안으로 볼 수 없을 정도로 빠르게 움직일 때도 있습니다. 우리가 볼 수 없으니 미처 빠르다고 느끼지도 못하는 거죠. '느리다', '빠르다'는 인간의 관점일 뿐입니다. 식물은 인간과 다른 시간대를 살고 있을 뿐이죠.

〈투석기처럼 씨앗을 발사하는 이질풀〉

땅 파는 재주를 가진 능력자

국화쥐손이

호주 남서부. 이곳엔 이질풀보다 더 긴 씨방자루를 가진 식물이 있습니다.

이 식물의 이름은 국화쥐손이(Erodium stephanianum). 이 창같이 생긴 씨방자루의 역할은 무엇일까요?

〈회전하는 국화쥐손이 씨방자루〉

창같이 길쭉한 씨방 아래에 씨앗이 달려 있습니다. 건조해지면 이 씨앗은 처음엔 천천히 회전을 하며 씨방을 벗어나가기 시작합니다. 그러다 갑자기 순식간에 튕겨져 나가죠. 씨앗은 튕겨져 나감과 동시에 순식간에 수축하며 형태를 바꿉니다.

〈튕겨져 나가는 국화쥐손이 씨앗〉

이게 완성된 씨앗의 모습입니다. 이 씨앗은 왜 스프링 같은 꼬리를 가지고 있을까요? 농부는 씨앗을 심을 때 심고 나서 꼭 물을 줍니다. 씨앗을 흙 속에 단단히 고정시키는 동시에 쉽게 싹이 틀 수 있도록 수분을 보충하기 위해서죠.

돌돌 말린 국화쥐손이 씨앗은 비가 올 때 펴지기 시작합니다. 흙이 메말랐을 때보다 파고들기 쉽고 발아하기 좋은 때란 것을 아는 거죠.

〈회전하며 땅을 파고 들어가는 국화쥐손이 씨앗〉

씨앗을 심는 최적의 깊이는 씨앗 크기의 1.5배로 알려져 있습니다. 국화쥐손이 씨앗은 이만큼을 거뜬히 파고 들어갑니다. 스스로 말이죠.

더 놀라운 것은 굴착 각도를 수직으로 만든다는 점입니다. 비스듬한 각도에서 회전을 하면 땅속에 박히지 못하고 헛수고를 할 가능성이 높습니다. 못을 박을 때 직각 방향으로 망치를 내려쳐야 못이 잘 박히는 것과 같습니다. 국화쥐손이 씨앗은 스스로를 직각으로 세웁니다. 말리지 않은 꼬리 부분이 회전하면서 그 역할을 하죠.

자신을 흙 속에 심는 씨앗. 바람에 실려 왔든 동물에게 옮겨졌든 땅에 떨어진 모든 씨앗들의 마지막 문제. 즉 땅속에 안정적으로 심어져야 하는 문제를 스스로 해결하는 것이죠. 설령 땅에 박히기 전에 스프링이 다 풀려 회전력을 잃어버려도 상관없습니다. 국화쥐손이 씨앗은 이런 경우도 예상하고 있죠. 건조해지면 스프링은 다시 감겨 원상태로 돌아옵니다. 그리고 다음 비가 올 때를 기다리는 거죠. 번식을 위해 마지막까지 최선을 다하는 식물.

식물의 욕망은 대체 어디까지일까요?

녹색동물

초판 1쇄 인쇄 2017년 4월 5일 **초판 1쇄 발행** 2017년 4월 12일

지은이 손승우 **기획** EBS MEDIA
펴낸이 연준혁

출판 2본부 이사 이진영
출판 2분사 분사장 박경순
책임편집 윤서진
디자인 이세호

펴낸곳 (주)위즈덤하우스 **출판등록** 2000년 5월 23일 제13-1071호
주소 경기도 고양시 일산동구 정발산로 43-20 센트럴프라자 6층
전화 031)936-4000 **팩스** 031)903-3893 **홈페이지** www.wisdomhouse.co.kr

값 17,800원 ISBN 978-89-6086-348-4 03480

국립중앙도서관 출판시도서목록(CIP)

녹색동물 / 지은이: 손승우, 기획: EBS MEDIA. — 고양 : 위즈덤하우스, 2017
p. ; cm

ISBN 978-89-6086-348-4 03480 : ₩17800

식물(생물)[植物]
다큐멘터리[documentary]

481.508-KDC6
581.7-DDC23 CIP2017007471